Excel 数据处理与分析案例教程

卜言彬　杨　艳　薛雁丹　陈　婷　曹海燕　编

东南大学出版社
SOUTHEAST UNIVERSITY PRESS
·南京·

内容提要

　　本书涵盖了 Excel 基础知识以及日常生活中用 Excel 表格进行数据事务处理的案例,比如工资表、人事管理表格、考核管理表格、员工培训管理表格、产品销售管理表格等内容。选用的案例适用范围广,简单易懂。在表格案例实践过程中介绍 Excel 知识点,重点培养学生 Excel 知识综合运用能力。

　　本书特别适合于文科或艺术类专业教学使用,也适合财务人员、行政人员、人事职员、销售人员、生产管理人员自学使用,同时也是其他 Excel 使用者的必备参考书。

图书在版编目(CIP)数据

　　Excel 数据处理与分析案例教程 / 卜言彬主编. —
南京:东南大学出版社,2018.1(2020.3 重印)
　　ISBN 978-7-5641-7621-1

　　Ⅰ.①E… Ⅱ.①卜… Ⅲ.①表处理软件-教材
Ⅳ.①TP391.13

　　中国版本图书馆 CIP 数据核字(2018)第 006161 号

Excel 数据处理与分析案例教程

出版发行	东南大学出版社
社　　址	南京市四牌楼 2 号(邮编:210096)
出 版 人	江建中
责任编辑	姜晓乐(joy_supe@126.com)
经　　销	全国各地新华书店
印　　刷	常州市武进第三印刷有限公司
开　　本	787mm×1092mm　1/16
印　　张	12.75
字　　数	318 千字
版　　次	2018 年 1 月第 1 版
印　　次	2020 年 3 月第 3 次印刷
书　　号	ISBN 978-7-5641-7621-1
定　　价	38.00 元

本社图书若有印装质量问题,请直接与营销部联系,电话:025-83791830。

前言

计算机技术是当今大学生学习现代科学的基础,也是大学生进入现代社会所必备的重要技能之一。Excel 作为 Office 办公软件重要组成之一,在日常生活中具有广泛和重要的应用。Excel 给我们提供了强大的数据管理和分析功能,它可以用来制作电子表格、数据运算、数据分析、图表展示以及 VBA 编程等等,在日常办公、财务管理、统计、金融等诸多领域有广泛的应用。熟练使用 Excel 进行数据处理与分析成为大学生和日常办公人员必须掌握的技能之一。

Excel 课程的特点是实践性较强、综合性要求较高、应用性较广。为了能够让读者快速、熟练地掌握 Excel 并进行日常应用,本书在编写时经过精心构思,编写过程中坚持以任务驱动为框架,案例分析与处理为过程,在实践过程中融入了 Excel 相关知识点的讲授与运用,案例步骤清晰详尽,让读者真正做到上手快、应用强、学以致用。具体特点如下:

一、内容创新,与传统教材不同

本教材由七个项目构成,每个项目分多个任务,在每个任务里又分三块:(1) 情景导入,引入案例使用的背景,让学生深入理解该案例以及涉及的知识点运用的场合和情境;(2) 相关知识,介绍任务处理过程中运用到的具体知识点;(3) 任务实施,给出每个案例详细的分析与处理过程,紧紧围绕知识点进行运用,教学过程中易于实施操作。在 Excel 案例实践过程中介绍 Excel 知识点的使用,重点培养学生 Excel 知识的综合运用能力。

二、选用的案例经典丰富、范围广、通用性较强

教材编写所涉及的任务精选日常生活中各个行业经常使用的 Excel 表格进行数据事务处理的综合案例,比如公司销售计划表、客户信息表、产品订货单、员工花名册、差旅费报销单、工资核算、房贷计算表等内容。选用的案例使用范围广,简单易懂,通用性强,综合性强,没有局限于某一个特定行业,比如财务管理、物流管理等,真正做到让学生学以致用。特别适合于文科或艺术类专业教学使用。

三、实训练习丰富

在每个项目的结束,都增加一定数量的实训任务,这些任务仍然是来自于生活应用的综合案例,需要学生通过所学知识进行综合运用,进一步巩固所学知识。

本书配有相应的电子资源，请登录东南大学出版社官方网站下载（网址：www.se-upress.com）。

本书编写人员有卜言彬、陈婷、杨艳、薛雁丹、曹海燕，全书由卜言彬、陈婷负责统稿。本书在编写过程中参考了一些资料和教材，在此向这些资料和教材的作者表示感谢！由于编者水平有限，书中难免有疏漏或者不完善之处，敬请读者不吝指教。编者联系方式：lance—2@163.com。

编者

二〇一八年一月

目 录

➤ **项目一　Excel 基础知识** ………………………………………………………… 1

任务一:制作"公司销售计划表" ……………………………………………… 1
一、情景导入 ………………………………………………………………… 1
二、相关知识 ………………………………………………………………… 2
三、任务实施 ………………………………………………………………… 6

任务二:编辑修饰"客户信息表" ……………………………………………… 14
一、情景导入 ………………………………………………………………… 14
二、相关知识 ………………………………………………………………… 14
三、任务实施 ………………………………………………………………… 16

任务三:修饰"产品订货单" …………………………………………………… 21
一、情景导入 ………………………………………………………………… 21
二、相关知识 ………………………………………………………………… 22
三、任务实施 ………………………………………………………………… 23

实训一:制作员工花名册 ……………………………………………………… 28
实训二:制作新发展用户统计表 ……………………………………………… 29

➤ **项目二　日常办公** ………………………………………………………………… 30

任务一:制作"员工出入证" …………………………………………………… 30
一、情景导入 ………………………………………………………………… 30
二、相关知识 ………………………………………………………………… 30
三、任务实施 ………………………………………………………………… 31

任务二:制作"面谈记录表"表格 ……………………………………………… 37
一、情景导入 ………………………………………………………………… 37
二、任务实施 ………………………………………………………………… 37

任务三:制作"差旅费报销单"表格 …………………………………………… 40

一、情景导入 40

二、相关知识 40

三、任务实施 45

实训:制作"工作汇总表" 47

➤ 项目三 公式与函数 48

任务一:九九乘法表 48

一、情景导入 48

二、相关知识 49

三、任务实施 50

任务二:应付款表 51

一、情景导入 51

二、相关知识 51

三、任务实施 60

任务三:到期示意表 63

一、情景导入 63

二、相关知识 63

三、任务实施 65

任务四:凭证、凭证汇总及总账 68

一、情景导入 68

二、相关知识 68

三、任务实施 77

任务五:工资的核算 83

一、情景导入 83

二、相关知识 83

三、任务实施 88

任务六:成本费用表 94

一、情景导入 94

二、相关知识 94

三、任务实施 96

任务七:盘库打印条 102

一、情景导入 102

二、相关知识 103

三、任务实施 104

实训一:制作销售业绩表 ·· 108

实训二:账龄统计 ·· 109

▶ 项目四 图 表 ·· 111

任务一:创建"新员工销售额统计图" ··· 111

　　一、情景导入 ··· 111

　　二、相关知识 ··· 111

　　三、任务实施 ··· 113

任务二:股价变化折线图 ·· 129

　　一、情景导入 ··· 129

　　二、相关知识 ··· 129

　　三、任务实施 ··· 130

任务三:在股票情况表中插入迷你图 ··· 133

　　一、情景导入 ··· 133

　　二、相关知识 ··· 133

　　三、任务实施 ··· 133

实训一:制作公司日常费用分析图 ·· 137

实训二:制作地区账目分析表 ·· 138

▶ 项目五 数据分析与管理 ·· 140

任务一:制作"成绩分析表" ··· 140

　　一、情景导入 ··· 140

　　二、相关知识 ··· 140

　　三、任务实施 ··· 142

任务二:制作"零售商品销售表" ··· 145

　　一、情景导入 ··· 145

　　二、相关知识 ··· 145

　　三、任务实施 ··· 146

任务三:制作"家电销售汇总表" ··· 148

　　一、情景导入 ··· 148

　　二、相关知识 ··· 148

　　三、任务实施 ··· 149

任务四:制作"员工工资统计表" ··· 152

一、情景导入 …………………………………………………………… 152

二、相关知识 …………………………………………………………… 152

三、任务实施 …………………………………………………………… 153

实训:制作"应收账款统计表" ……………………………………… 159

项目六　数据模拟分析 …………………………………………………… 160

任务一:制作"房贷计算表" ……………………………………… 160

一、情景导入 …………………………………………………………… 160

二、相关知识 …………………………………………………………… 161

三、任务实施 …………………………………………………………… 162

任务二:制作"定价方案表" ……………………………………… 165

一、情景导入 …………………………………………………………… 165

二、相关知识 …………………………………………………………… 165

三、任务实施 …………………………………………………………… 166

任务三:制作"最小成本规划表" ………………………………… 169

一、情景导入 …………………………………………………………… 169

二、相关知识 …………………………………………………………… 169

三、任务实施 …………………………………………………………… 170

实训一:获取最佳的贷款方案 ……………………………………… 174

实训二:制作"原材料最小用量规划表" ………………………… 175

项目七　宏与VBA …………………………………………………………… 176

任务一:制作"供货商明细表" …………………………………… 176

一、情景导入 …………………………………………………………… 176

二、相关知识 …………………………………………………………… 177

三、任务实施 …………………………………………………………… 177

任务二:制作"客户档案管理系统" ……………………………… 182

一、情景导入 …………………………………………………………… 182

二、相关知识 …………………………………………………………… 182

三、任务实施 …………………………………………………………… 184

实训:制作"订单统计表" …………………………………………… 195

参考文献 ……………………………………………………………………… 196

項目一　　　Excel 基础知识

Excel 是电子表格数据处理软件,它的主要功能可以概括为以下三个方面:表格数据处理、数据管理与分析以及图表处理。Excel 具有界面友好、功能强大、操作方便等优点,因此,在金融、财务、单据报表、市场分析、统计、工资管理、工程预算、文秘处理、办公自动化等方面的应用非常广泛,是一款非常实用的工具软件。

知识技能目标

- 掌握 Excel 的启动和退出;
- 熟悉 Excel 界面的各组成部分;
- 掌握工作簿文件的建立、打开和存盘的操作方法;
- 掌握单元格及区域选定操作;
- 掌握数据的基本输入,序列的输入与自定义序列;
- 掌握单元格格式设置,边框与底纹设置。

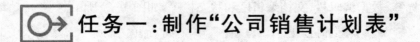 任务一:制作"公司销售计划表"

一、情景导入

小朱一路过关斩将,终于应聘进了心仪的大公司,第一天正式上班,被分配到公司企划部。在老马的指导下,开始熟悉公司的各个部门情况。老马正在制订销售计划,也让小朱一起参与这项任务。

销售计划是企业为取得销售收入而进行的一系列销售工作的安排,结合公司的生产情况、市场的需求、竞争情况以及上一销售计划的实现情况,可以制订出合理的销售计划。销售计划从时间长短来分,可以分为周销售计划、月度销售计划、季度销售计划、年度销售计划等。

小朱根据前一季度公司销售情况,准备制订 9 月份至年底 4 个月的销售计划,参考去年同期的销售额和销售数量,把销售任务分解到公司各地区。小朱打算用 Excel 表格的形式快速制订计划,最终效果如图 1-1 所示。

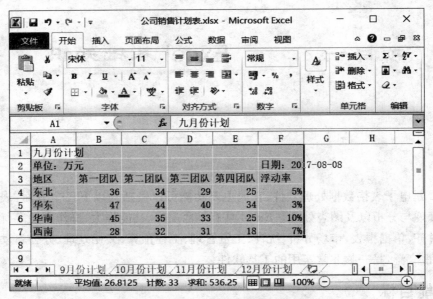

图 1-1 "公司销售计划表"最终效果

二、相关知识

Excel 是 Office 系列办公组件之一,是目前非常流行的电子表格数据处理软件。Excel 的主要功能可以概括为以下三个方面:表格数据处理、数据管理与分析以及图表处理。

1. Excel 的窗口界面

当进入 Excel 工作环境后,用户就可以看到 Excel 运行的工作界面,包含标题栏、工具栏、选项卡标签、数据编辑栏、文档编辑区和状态栏等,如图 1-2 所示。

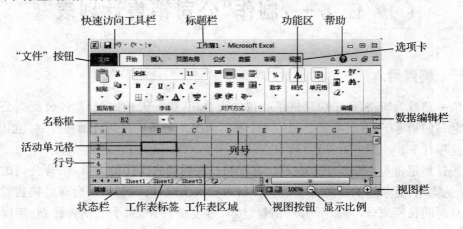

图 1-2 Excel 窗口界面

（1）标题栏

标题栏主要显示正在编辑的文档名称及编辑软件名称等信息，在其右端有3个窗口控制按钮，可分别完成最小化、最大化（还原）和关闭窗口操作。

（2）快速访问工具栏

快速访问工具栏主要显示用户日常工作中频繁使用的命令，安装好Excel之后，其默认显示"保存""撤销"和"重复"命令按钮。用户也可以单击此工具栏中的"自定义快速访问工具栏"按钮▼，在弹出的菜单中勾选某些命令项将其添加至工具栏中，以便以后可以快速地使用这些命令。

（3）"文件"按钮

单击"文件"按钮将打开"文件"面板，包含"打开""关闭""保存""信息""最近所用文件""新建""打印"等常用命令。在"最近所用文件"命令面板中，用户可以查看最近使用的Excel文档列表。通过单击历史Excel文档名称右侧的固定按钮▬，可以将该记录位置固定，不会被后续历史Excel文档替换。

（4）功能区

功能区横跨应用程序窗口的顶部，由选项卡、组和命令3个基本组件组成。选项卡位于功能区的顶部，包括"开始""插入""页面布局""公式""数据"等。单击某一选项卡，可在功能区中看到其所包含的若干个组，相关项显示在一个组中。命令是指组中的按钮、用于输入信息的框等。在Excel中还有一些特定的选项卡，只有在需要时才会出现。例如，当在文档中插入图片后，可以在功能区看到图片工具"格式"选项卡。选择其他对象，如剪贴画、形状或图表等，将会显示相应的选项卡。

（5）数据编辑栏

在Excel程序窗口中，数据编辑栏位于功能区的下方，是Excel特有的一栏。它由名称框、插入函数按钮和编辑输入框三部分组成，如图1-3所示。

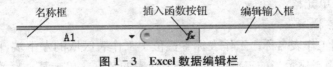

图1-3　Excel数据编辑栏

① 名称框

用于显示当前活动单元格的地址、定义单元格区域的名字或选定单元格区域。

② 插入函数按钮

"fx"为插入函数按钮。单击打开"插入函数"对话框。

③ 编辑输入框

用于输入、编辑和显示当前活动单元格的数据或公式。

（6）工作表区域

在Excel程序窗口中，工作表区域即数据表格编辑区（文档编辑区域），它占据窗口界面的面积最大，是用以记录及处理数据的区域，所有的数据都将存放在这个区域中。

工作表区域由全选按钮、行号栏、列标栏、单元格区、滚动条、窗口分隔条以及工作表标签栏等元素组成，如图1-4所示。用户可以在单元格中输入数字、文本、日期和公式等各种数据,并可以对其进行格式化等操作。

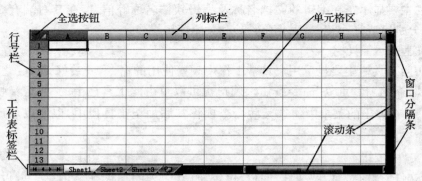

图 1 - 4 Excel 工作表区域

① 行号栏

行号栏位于工作表区域的最左边,显示工作表各行的行号。行号以自然数表示,由上至下为 1、2、3、…、65 536、…、1 048 575、1 048 576(共有 1 048 576 行)。

② 列标栏

列标栏位于工作表区域的最上方,显示工作表各列的列标。列号用英文大写字母表示,由左至右为 A、B、…、Z、AA、AB、…、AZ、BA、…、ZZ、AAA、AAB、…、BAA、BAB、…、XFC、XFD(共有 16 384 列)。

③ 全选按钮

全选按钮位于工作表区域的左上角,是行号栏与列标栏的交汇点,单击它即可选定工作表中的所有单元格,也就是选定了整个工作表。

④ 单元格区

单元格区是工作表全部单元格的集合。一个 Excel 工作表共有 1 048 576×16 384＝17 179 869 184 个单元格。

⑤ 工作表标签栏

工作表标签即工作表名称。工作表标签栏位于工作表区域的左下端,由工作表标签和标签滚动按钮组成,用于显示当前工作簿中各个工作表的名称。单击某一标签,即可切换到该标签所对应的工作表,并使之处于激活状态。被激活的工作表标签背景显白且标签框开放。

标签栏左边的标签滚动按钮用来显示隐藏的工作表标签。

⑥ 滚动条

滚动条分水平滚动条和垂直滚动条,用于翻页查看可视窗口以外的文档内容。拖动可以左右、上下调整可视窗口内的工作区。

⑦ 窗口分隔条

窗口分隔条有两个:垂直分隔条和水平分隔条,分别位于水平滚动条的右侧(垂直分隔条)和垂直滚动条的上方(水平分隔条)。窗口分隔条用于对工作表窗口进行拆分,以便能够同时观察同一个工作表的不同部分。

(7) 状态栏

状态栏位于 Excel 窗口的左下方,用于显示 Excel 当前的状态信息,如图 1-2 所示。

（8）视图栏

视图栏位于 Excel 窗口的右下方，用于视图方式的切换和调节页面显示比例等操作，如图 1-2 所示。

2. 理解工作簿、工作表和单元格

工作簿、工作表和单元格是 Excel 中的三个基本概念。对于初学者来说，在使用 Excel 之前，必须弄清这三个基本概念及其相互关系。

（1）单元格

单元格是工作表最基本的组成单元，它是行和列相交形成的矩形区域（是正交网格线围成的最小矩形格）。

Excel 工作表中的每一个单元格都有名称，通常用列标和行号来表示。如图 1-5 所示粗黑框单元格，为第 E 列和第三行的交叉点，其名称为 E3。而单元格的名称同时又确定了该单元格所处的位置，因此，单元格名称又称为单元格地址。

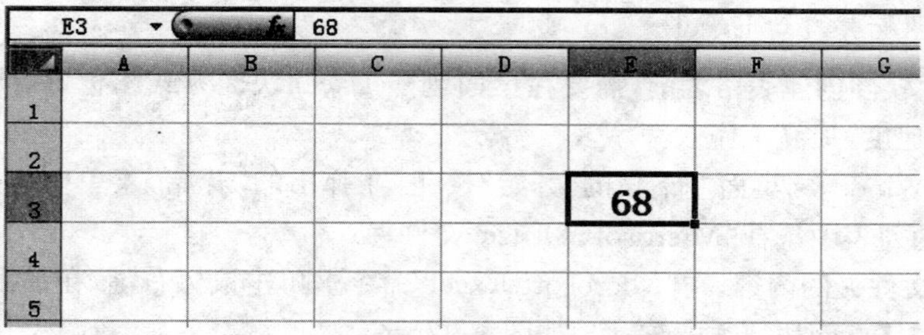

图 1-5　选定单元格

单击某个单元格时，该单元格四周即出现一个粗的黑边框。此时，该单元格被选定，称为"当前活动单元格"，简称"当前单元格"或"活动单元格"。在 Excel 中，所有的输入与编辑等操作都只对当前活动单元格起作用。

（2）工作表

工作表是显示在工作簿窗口中的表格，是 Excel 工作簿存储和处理数据的最重要的部分，也称电子表格。其中包含排列成行和列的单元格。

（3）工作簿

工作簿是在 Excel 环境中用来存储并处理工作表数据的文件。Excel 工作簿（文件）的扩展名是".xlsx"。当 Excel 成功启动后，系统将自动创建一个名为"工作簿 1"的 Excel 空白工作簿文件，默认文件名"工作簿 1"会出现在 Excel 应用程序窗口的标题栏上，这个名字是可以被修改的。

打开一个 Excel 文件，实际上就是打开一个 Excel 工作簿，并显示此工作簿中的一个工作表，新工作簿在默认情况下显示工作表"Sheet1"，一个工作簿最多可包含 255 个工作表。

综上所述，Excel 的工作簿、工作表以及单元格三者之间是包含与被包含的关系，即工作簿由工作表组成，而工作表又由单元格组成，如图 1-6 所示。

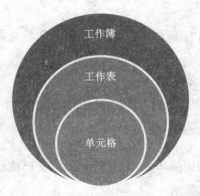

图 1-6 工作簿、工作表以及单元格之间的关系

三、任务实施

1. 创建快捷图标并启动 Excel

在使用 Excel 软件创建表格之前,需要在桌面创建 Excel 快捷方式图标,以便再次启动软件时,可以加快速度,提高工作效率。

步骤 1:单击 Windows 桌面左下角的"开始"按钮,在弹出的"开始"菜单中选择"所有程序"命令,在打开的列表中选择"Microsoft Office"文件夹。

步骤 2:展开文件夹的内容,在"Microsoft Excel"命令上单击鼠标右键,在弹出的快捷菜单中选择【发送到】|【桌面快捷方式】命令,如图 1-7 所示。

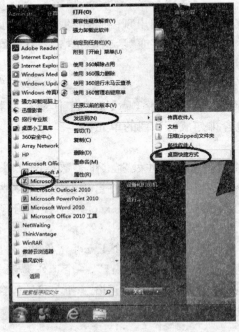

图 1-7 创建进入 Excel 的快捷图标

步骤 3：在桌面上创建了 Excel 的快捷图标，如图 1－8 所示。双击该图标即可启动 Excel。

图 1－8　Excel 的快捷图标

2. 重命名、新建、移动、复制并删除工作表

工作簿中有多个工作表，为了明确每个表中的内容，要为各工作表重命名。

步骤 1：进入 Excel 的工作界面后，在"Sheet1"工作表标签上单击鼠标右键，在弹出的快捷菜单中选择"插入"命令，如图 1－9 所示。

图 1－9　"插入"命令

步骤 2：打开"插入"对话框，在"常用"选项卡中默认选择"工作表"选项，如图 1－10 所示，直接单击"确定"按钮即可在"Sheet1"前面插入"Sheet4"工作表。

图 1－10　"插入"对话框

Excel 数据处理与分析案例教程

步骤3：单击"Sheet4"的工作表标签，并按下鼠标左键不放，水平向右拖曳鼠标，当倒三角标记出现在"Sheet3"工作表标签右边位置时，再放开鼠标左键，则"Sheet4"工作表移动到"Sheet3"的后面。

步骤4：在"Sheet1"工作表标签上单击鼠标右键，在弹出的快捷菜单中选择"重命名"命令，如图1－11所示。此时工作表标签"Sheet1"反色显示（黑底白字）处于编辑状态；输入新工作表名"9月份计划"，按"Enter"键确认，完成重命名。

图1－11 工作表"重命名"命令

步骤5：单击"9月份计划"的工作表标签，按住"Ctrl"键，并按下鼠标左键不放，水平向右拖曳鼠标，当倒三角标记出现在"Sheet2"工作表标签左边位置时，再放开鼠标左键，完成复制工作表。双击"9月份计划（2）"的工作表标签，此时工作表标签"9月份计划（2）"反色显示（黑底白字）处于编辑状态，将工作表名重命名为"10月份计划"，按"Enter"键确认，如图1－12所示。

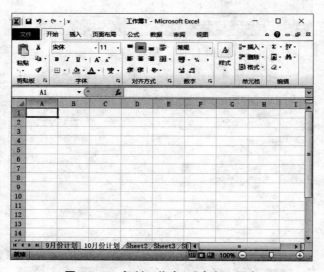

图1－12 复制工作表，重命名工作表

步骤 6：单击"9 月份计划"的工作表标签，按住"Ctrl"键，再单击"10 月份计划"的工作表标签，选中两个工作表，按下鼠标左键不放，沿着标签向右拖动工作表标签到"Sheet1"的左边位置，复制两个工作表。用步骤 4 的方法，将"9 月份计划（2）""10 月份计划（2）"重命名为"11 月份计划"和"12 月份计划"，如图 1－13 所示。

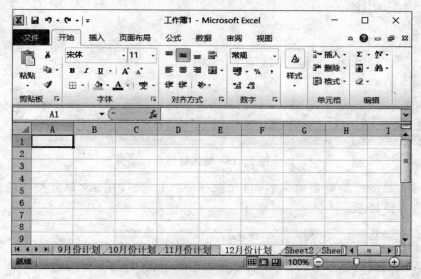

图 1－13　同时复制两个工作表，重命名工作表

步骤 7：单击"Sheet4"的工作表标签，按住"Ctrl"键，再单击"Sheet2""Sheet3"的工作表标签，选中三个工作表，在"Sheet4"工作表标签上单击鼠标右键，在弹出的快捷菜单中选择"删除"命令，如图 1－14 所示，完成删除工作表。

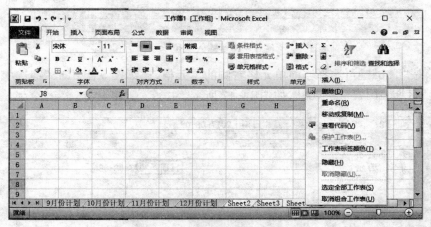

图 1－14　"删除"工作表命令

3. 输入数据并复制

插入工作表后，可在表格中输入不同类型的数据，如文本、日期和数值等。在"9 月份计划"的工作表中输入数据内容。

步骤1：单击"9月份计划"的工作表标签，然后在工作表区域选择 A1 单元格，切换至中文输入法后，在其中输入"九月份计划"，如图 1-15 所示。

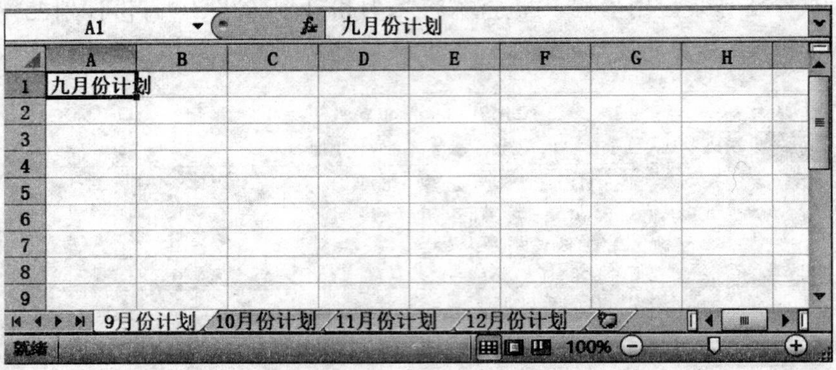

图 1-15　输入标题

步骤2：按"Enter"键确定输入后，自动选择 A2 单元格，在 A2 单元格中输入"单位：万元"，如图 1-16 所示。

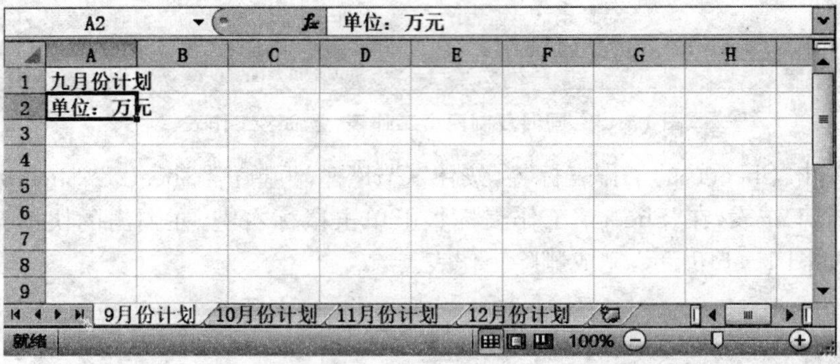

图 1-16　输入单位

步骤3：按"Tab"键可选择当前单元格右侧的单元格，连续按 5 次"Tab"键选中 F2 单元格，并输入："日期：2017-08-08"，如图 1-17 所示。

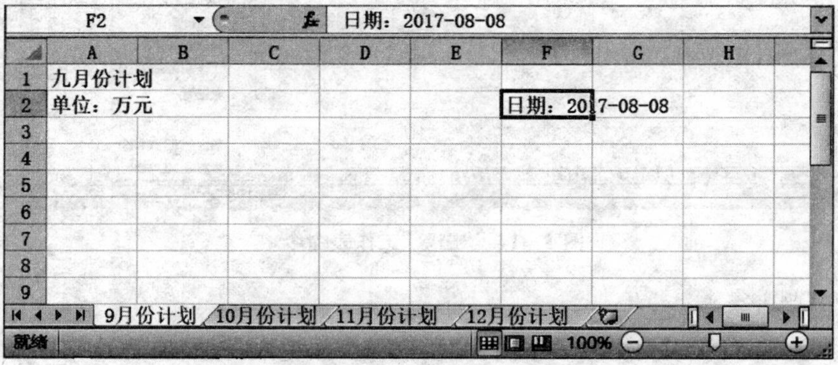

图 1-17　输入日期

步骤 4：单击 A3 单元格，并输入"地区"，再按"Tab"键选择 B3 单元格，在单元格中输入"第一团队"，如图 1-18 所示。

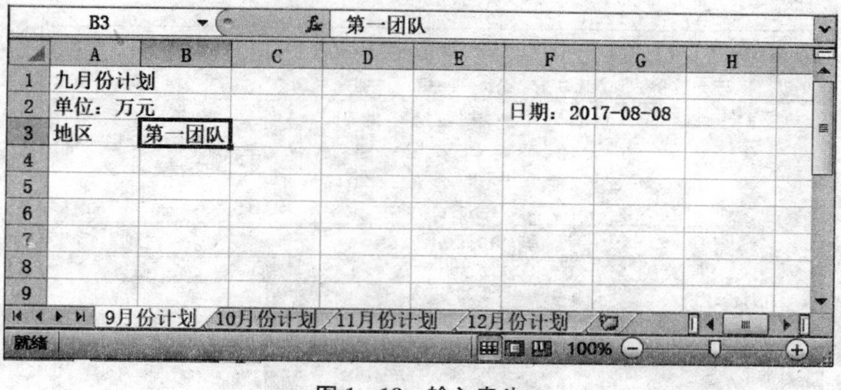

图 1-18　输入表头

步骤 5：按照上述方法，输入工作表中其余数据，如图 1-19 所示。

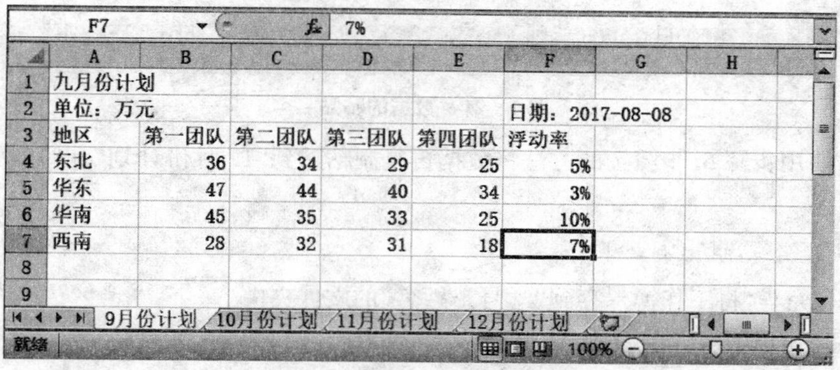

图 1-19　输入工作表中其余数据

步骤 6：在"9 月份计划"工作表中，选中 A1 单元格后，按住"Shift"键同时单击 F7 单元格，选择工作表中所有数据，如图 1-20 所示。按"Ctrl+C"组合键，复制数据。

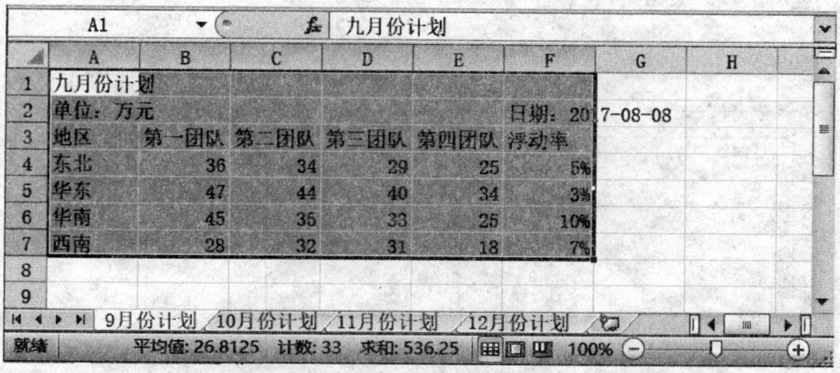

图 1-20　选择工作表中所有数据

步骤7：单击"10月份计划"工作表标签，选中A1单元格，按"Ctrl＋V"组合键，完成数据的粘贴操作，如图1－21所示。

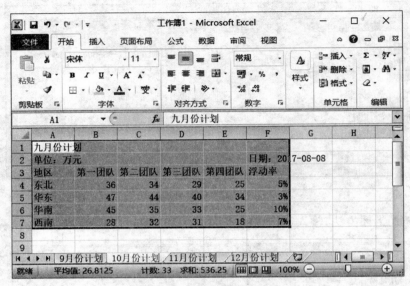

图1－21　数据的粘贴

步骤8：使用步骤6、步骤7的方法将数据再复制粘贴到"11月份计划"和"12月份计划"工作表中。

4．保存工作簿，退出Excel

数据录入完毕，将工作簿保存到"学号＋姓名"的文件夹中。

步骤1：单击"快速访问栏"中的"保存"按钮，如图1－22所示。

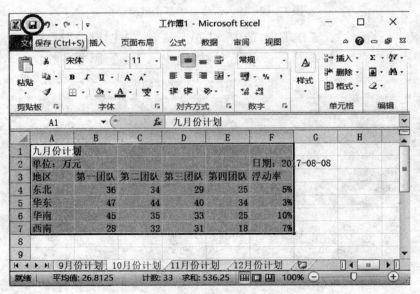

图1－22　"快速访问栏"中的"保存"按钮

步骤 2：在打开的"另存为"对话框的地址栏中输入"学号＋姓名"文件夹所在的地址，在"文件名"文本框里输入"公司销售计划表"，单击"保存"按钮，如图 1-23 所示。

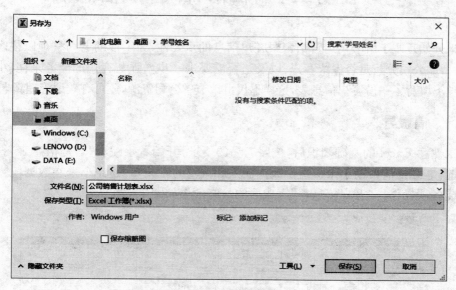

图 1-23　"另存为"对话框

步骤 3：这时，Excel 工作界面的标题栏名称将自动显示为保存的文件名，如图 1-24 所示。单击标题栏右侧的"关闭"按钮，退出 Excel 程序。

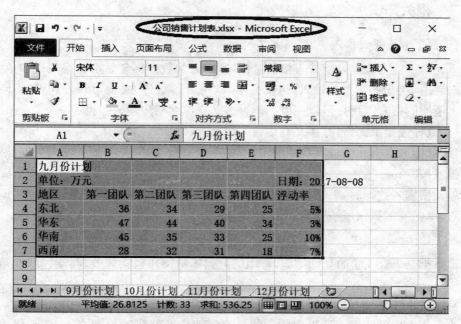

图 1-24　自动显示保存的文件名

任务二：编辑修饰"客户信息表"

小朱开始逐步了解公司运营销售中客户信息的重要性，为了帮助老马整理以往客户的实际情况，帮助公司分析是否保留客户，以及是否需要进一步增强与客户的商务来往，小朱在老马的指导下填写了一份客户信息表，这样不仅可以节省公司资源，还可有效地管理新老客户。

一、情景导入

小朱熟悉 Excel 的基础知识后，按照老马的要求，开始着手编辑"客户信息表"。在任务下达之前，老马提前帮助小朱梳理了数据输入和编辑的相关知识，让小朱在数据输入过程中顺利完成各项操作。"客户信息表"完成后的最终效果如图 1-25 所示。

图 1-25　"客户信息表"的最终效果

二、相关知识

1. 各种类型数据的输入

在单元格中输入数据是制作表格的基础，所输入的数据将会显示在编辑栏和单元格中。Excel 支持不同类型的数据的输入，包括文本、数字、日期、分数、货币和公式等，不同类型数据呈现出不同的格式。用户可以用以下两种方式在单元格中输入数据：

（1）用鼠标选定单元格，直接在其中输入数据，按"Enter"键确认。

（2）用鼠标选定单元格，然后在"编辑栏"中单击鼠标左键，并在其中输入数据，然后单击"√"按钮或按"Enter"键。

在单元格输入数据后，编辑栏左边会出现 ✕ ✓ ƒx。如果单击"✕"按钮或按"Esc"键为放弃输入，单击"√"按钮或按"Enter"键为确认输入。

2. 数据的编辑

编辑数据是 Excel 中的基础操作，常用的数据编辑操作包括修改、移动、复制、清除和填充等。

（1）数据的修改

修改工作表中的数据一般采用的方法是直接双击要修改的单元格，在单元格中出现插入点光标，直接修改数据后按"Enter"键。也可以单击要修改的单元格，使其成为活动单元格，然后在编辑栏中修改数据。如果完全不要单元格原有内容，可以在单击该单元格后，直接将正确的内容输入，按"Enter"键即可。

（2）数据的移动

方法一：选定数据所在单元格区域，将鼠标置于选定区的边框上，当指针变成十字箭头后，拖动鼠标会出现一个虚线边框，将虚线边框移动到合适的位置释放鼠标，数据就移动到了新的单元格中。

方法二：选定数据所在单元格区域，按"Ctrl＋X"组合键做"剪切"操作，然后选定目标区域，按"Ctrl＋V"组合键做"粘贴"操作。

（3）数据的复制

方法一：选定数据所在单元格区域，将鼠标置于选定区的边框上，当指针变成十字箭头后，按住"Ctrl"键，拖动鼠标会产生一个虚线框，拖动到合适的地方再释放鼠标即可。

方法二：选定数据所在单元格区域，按"Ctrl＋C"组合键做"复制"操作，然后选定目标区域，按"Ctrl＋V"组合键做"粘贴"操作。

（4）数据的清除

清除与删除是不同的，清除只是去掉单元格里的内容、格式、批注、超链接的部分或全部，而单元格本身仍然保存在工作表中。

选定要清除的单元格区域，执行【开始】|【编辑】|【清除】命令，会弹出下级子菜单，如图 1-26 所示，从中可以选择要清除的具体对象。

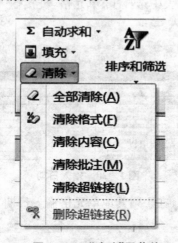

图 1-26　"清除"子菜单

全部清除：清除单元格中的所有信息，包括数据的格式、单元格边框、内容等。

清除格式：清除单元格内数据的格式，如边框、颜色等。

清除内容：清除单元格内的常量或公式。

清除批注：清除单元格的批注信息。

清除超链接：清除单元格内的超链接。

若只需要清除数据的内容，保留数据的格式、批注等，则可以用以下更简单的方法：选定要清除的单元格区域，按"Delete"键，或单击右键，在快捷菜单中选择"清除内容"。

（5）数据的填充

Excel 内部带有自动填充功能，使用该功能可以加快数据的输入，提高编辑工作表的效率。使用填充功能可以填充相同的数据，也可以填充数据序列。所谓序列，是指行或者列的数据有一个统一的变化趋势。例如：数字 2、4、6、8……，时间 1 月 1 日、1 月 2 日……。操作方法是：在单元格中输入起始数据后，用鼠标单击并拖曳该单元格右下角的填充柄，如图 1-27 所示，直到目标单元格后再释放鼠标。此时，单元格右下角将出现"自动填充选项"按钮，单击该按钮，在弹出的下拉列表中选择填充类型，如复制单元格等。

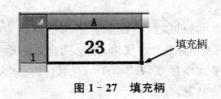

图 1-27　填充柄

三、任务实施

1. 输入各种类型数据

打开素材文档"客户信息表.xlsx"中的"华东地区"工作表。

步骤 1：在"华东地区"工作表中选择 J3 单元格，直接输入数据"2009/5/15"，如图 1-28 所示，然后按"Enter"键确认输入。

	A	B	C	D	E	F	G	H	I	J	K
1							客户信息表				
2	序号	企业名称	法人代表	联系人	电话	企业邮箱	地址	企业类型	合作性质	建立合作关系时间	信誉等级
3	001	东新网络有限公司	夏大东	尤宝	1875362****	gongbao@163.net	上海浦东新区	国营企业		2009/5/15	
4	002	西西有限公司	兆祥瑞	莫丽	1592125****	xiangrui@163.net	武汉市汉阳区芳草路	个人独资企业			
5	003	湛思有限公司	钱均	晶均	1332132****	weiyuan@163.net	深圳南山区科技园	公司企业			
6	004	玉霏电子商务有限公司	苏志国	鹏程	1892129****	mingming@163.net	成都市一环路东三段	个人独资企业			
7	005	东城建材公司	李杰	罗刚	1586987****	chengxin@163.net	北京市丰台区东大街	公司企业			
8	006	优信电子商务有限公司	周科	齐淋	1345133****	yaqi@163.net	四川省成都市一环路南四段	国营企业			
9	007	中环物流有限公司	吴林峰	陈红梅	1336582****	xingbang@163.net	杭州市下城区文晖路	合资企业			
10	008	圆梦实业有限公司	郑芝华	林芝华	1362126****	huatai@163.net	北京市西城区金融街	合资企业			
11	009	鼎鑫建材公司	王建国	车静	1365630****	rongxing@163.net	南京市浦口区海院路	公司企业			
12	010	志成有限公司	詹文斌	詹文斌	1586654****	zhongtian@163.net	东莞市东莞大道	个人独资企业			

图 1-28　输入日期

步骤 2：按照步骤 1 的方法，在 J 列其他单元格输入日期，如图 1-29 所示。

	A	B	C	D	E	F	G	H	I	J	K
1							客户信息表				
2	序号	企业名称	法人代表	联系人	电话	企业邮箱	地址	企业类型	合作性质	建立合作关系时间	信誉等级
3	001	东新网络有限公司	夏大东	尤宝	1875362****	gongbao@163.net	上海浦东新区	国营企业		2009/5/15	
4	002	西西有限公司	兆祥瑞	莫丽	1592125****	xiangrui@163.net	武汉市汉阳区芳草路	个人独资企业		2010/1/1	
5	003	湛思有限公司	钱均	晶均	1332132****	weiyuan@163.net	深圳南山区科技园	公司企业		2010/10/10	
6	004	玉霏电子商务有限公司	苏志国	鹏程	1892129****	mingming@163.net	成都市一环路东三段	个人独资企业		2011/12/5	
7	005	东城建材公司	李杰	罗刚	1586987****	chengxin@163.net	北京市丰台区东大街	公司企业		2012/5/1	
8	006	优信电子商务有限公司	周科	齐淋	1345133****	yaqi@163.net	四川省成都市一环路南四段	国营企业		2013/1/10	
9	007	中环物流有限公司	吴林峰	陈红梅	1336582****	xingbang@163.net	杭州市下城区文晖路	合资企业		2015/8/10	
10	008	圆梦实业有限公司	郑芝华	林芝华	1362126****	huatai@163.net	北京市西城区金融街	合资企业		2016/9/10	
11	009	鼎鑫建材公司	王建国	车静	1365630****	rongxing@163.net	南京市浦口区海院路	公司企业		2016/1/20	
12	010	志成有限公司	詹文斌	詹文斌	1586654****	zhongtian@163.net	东莞市东莞大道	个人独资企业		2017/4/10	

图 1-29　输入其他日期

步骤 3：选择 I3 单元格，切换为中文输入法，输入"一级代理商"，如图 1-30 所示，然后按"Enter"键确认输入。

序号	企业名称	法人代表	联系人	电话	企业邮箱	地址	企业类型	合作性质	建立合作关系时间	信誉等级
					客户信息表					
001	东新网络有限公司	夏大东	尤宝	1875362****	gongbao@163.net	上海浦东新区	国营企业	一级代理商	2009/5/15	
002	西西有限公司	兆祥瑞	莫丽	1592125****	xiangrui@163.net	武汉市汉阳区芳草路			2010/10/1	
003	港思有限公司	钱均	品均	1332132****	weiyuan@163.net	深圳南山区科技园	公司企业		2010/10/10	
004	玉霞电子商务有限公司	苏志国	鹏程	1892129****	mingming@163.net	成都市一环路东三段	个人独资企业		2011/12/5	
005	东城建材公司	李杰	罗刚	1586987****	chengxin@163.net	北京市丰台区东大街	公司企业		2012/5/1	
006	优信电子商务有限公司	周科	齐淋	1345133****	yaqi@163.net	四川省成都市一环路南西段	国营企业		2013/1/10	
007	中环物流有限公司	吴林峰	陈红梅	1336582****	xingbang@163.net	杭州市下城区文晖路	合资企业		2015/8/10	
008	圆梦实业有限公司	郑芝华	林芝华	1362126****	huatai@163.net	北京市西城区金融街	公司企业		2016/9/10	
009	鼎鑫建材有限公司	王建国	车静	1365630****	rongting@163.net	南京市浦口江海院路	公司企业		2016/1/20	
010	志成有限公司	詹文斌	詹文斌	1586654****	zhongtian@163.net	东莞市东莞大道	个人独资企业		2017/4/10	

图 1-30 输入文本

步骤 4：使用步骤 3 的方法，继续在 I 列其他单元格区域输入数据，对于相同数据，采用复制数据的方法进行快速输入，如图 1-31 所示。

序号	企业名称	法人代表	联系人	电话	企业邮箱	地址	企业类型	合作性质	建立合作关系时间	信誉等级
					客户信息表					
001	东新网络有限公司	夏大东	尤宝	1875362****	gongbao@163.net	上海浦东新区	国营企业	一级代理商	2009/5/15	
002	西西有限公司	兆祥瑞	莫丽	1592125****	xiangrui@163.net	武汉市汉阳区芳草路	个人独资企业	供应商	2010/10/1	
003	港思有限公司	钱均	品均	1332132****	weiyuan@163.net	深圳南山区科技园	公司企业	一级代理商	2010/10/10	
004	玉霞电子商务有限公司	苏志国	鹏程	1892129****	mingming@163.net	成都市一环路东三段	个人独资企业	供应商	2011/12/5	
005	东城建材公司	李杰	罗刚	1586987****	chengxin@163.net	北京市丰台区东大街	公司企业	供应商	2012/5/1	
006	优信电子商务有限公司	周科	齐淋	1345133****	yaqi@163.net	四川省成都市一环路南西段	国营企业	一级代理商	2013/1/10	
007	中环物流有限公司	吴林峰	陈红梅	1336582****	xingbang@163.net	杭州市下城区文晖路	合资企业	供应商	2015/8/10	
008	圆梦实业有限公司	郑芝华	林芝华	1362126****	huatai@163.net	北京市西城区金融街	公司企业	供应商	2016/9/10	
009	鼎鑫建材有限公司	王建国	车静	1365630****	rongting@163.net	南京市浦口江海院路	公司企业	一级代理商	2016/1/20	
010	志成有限公司	詹文斌	詹文斌	1586654****	zhongtian@163.net	东莞市东莞大道	个人独资企业	一级代理商	2017/4/10	

图 1-31 输入其他文本

步骤 5：选择 K3 单元格，单击选项卡中的【插入】|【符号】|【符号】命令 Ω 符号，如图 1-32 所示。

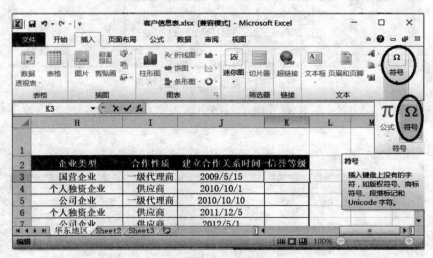

图 1-32 选择"符号"命令

步骤 6：在打开的"符号"对话框的"符号"选项卡的"子集"下拉列表中选择"其他符号"选项，在中间的列表框中选择实心五角星符号，然后单击"插入"按钮，如图 1-33 所示。

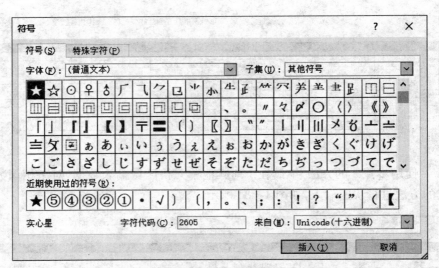

图 1-33　在"符号"对话框中选择插入五角星符号

步骤 7：单击"关闭"按钮，关闭"符号"对话框，完成插入符号操作。选择插入的实心五角星符号，按"Ctrl＋C"和"Ctrl＋V"组合键，在单元格复制粘贴插入的符号，效果如图 1-34 所示。

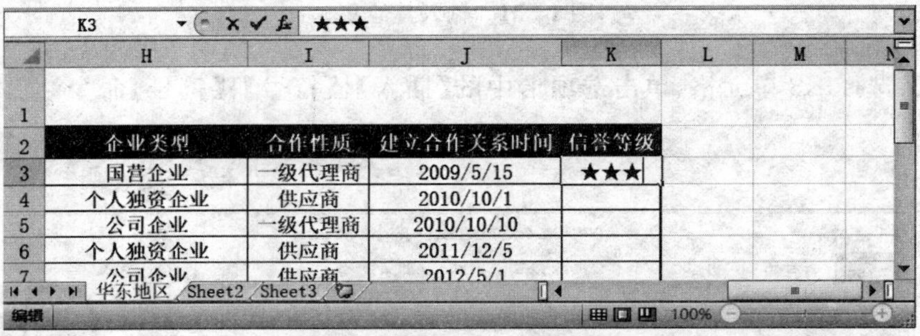

图 1-34　复制粘贴插入的符号

步骤 8：使用相同方法，在 K 列其他单元格中插入实心五角星符号，最终效果如图 1-35 所示。

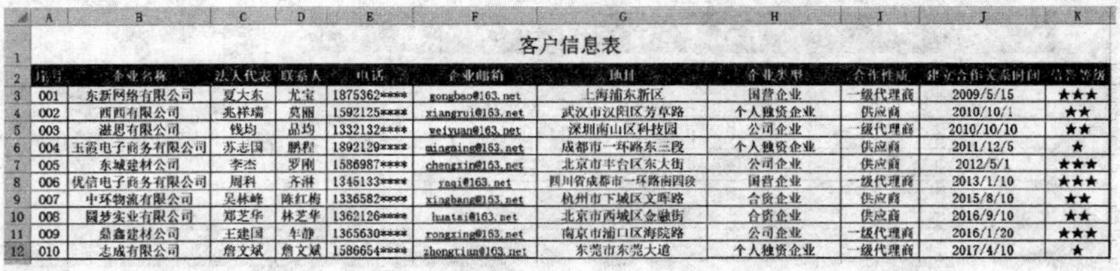

图 1-35　插入符号的最终效果

2. 调整数据显示格式

可以使用"设置单元格格式"对话框来调整单元格中的数据格式。下面列举调整日期格式的具体操作。

步骤 1：选择 J3：J12 单元格区域，在区域内任何地方单击鼠标右键，在弹出的快捷菜单中选择"设置单元格格式"命令，如图 1－36 所示。

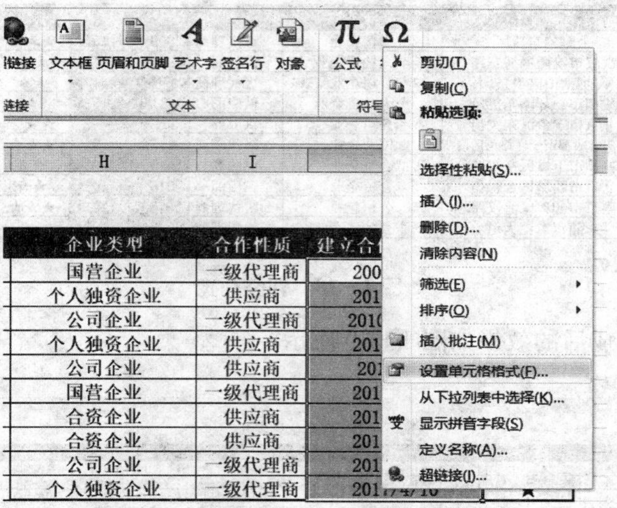

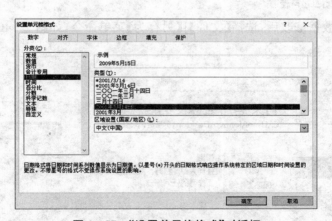

图 1－36　选择"设置单元格格式"命令

步骤 2：在打开的"设置单元格格式"对话框中选择"数字"选项卡，在"分类"列表框中选择"日期"选项，在"类型"列表框中选择"2001 年 3 月 14 日"选项，然后单击"确定"按钮，如图 1－37 所示。

图 1－37　"设置单元格格式"对话框

步骤 3：将光标置于 J 列与 K 列两列列标的交界线（J 列的列标右边线）上，当鼠标指针变为十字水平双箭头 ✛ 时，按住鼠标左键不放（此时，在鼠标指针附近会显示列宽数值）并向右拖动即可调宽 J 列的列宽，如图 1－38 所示，调宽列宽后，因列宽不够显示错误的"＃＃＃＃"将消失。

地址	企业类型	合作性质	建立合作关系时间	信誉等级
上海浦东新区	国营企业	一级代理商	2009年5月15日	★★★
武汉市汉阳区芳草路	个人独资企业	供应商	2010年10月1日	★★
深圳南山区科技园	公司企业	一级代理商	############	★★
成都市一环路东三段	个人独资企业	供应商	2011年12月5日	★
北京市丰台区东大街	公司企业	供应商	2012年5月1日	★★★
四川省成都市一环路南四段	国营企业	一级代理商	2013年1月10日	★★★
杭州市下城区文晖路	合资企业	供应商	2015年8月10日	★★
北京市西城区金融街	合资企业	供应商	2016年9月10日	★★
南京市浦口区海院路	公司企业	一级代理商	2016年1月20日	★★★
东莞市东莞大道	个人独资企业	一级代理商	2017年4月10日	★

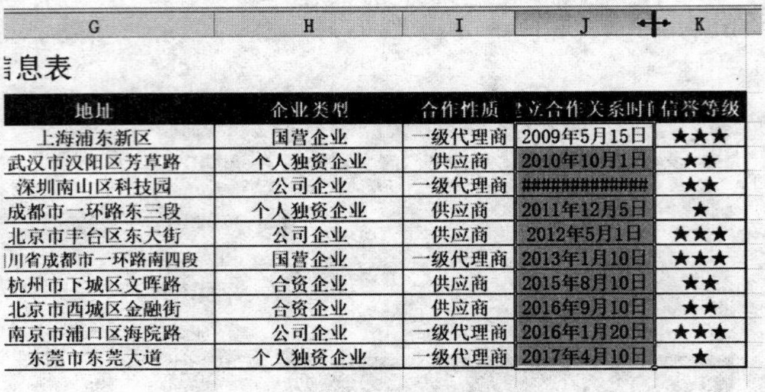

图 1-38　调整列宽

步骤 4:设置完成后的效果如图 1-39 所示。

客户信息表

序号	企业名称	法人代表	联系人	电话	企业邮箱	地址	企业类型	合作性质	建立合作关系时间	信誉等级
001	东新网络有限公司	夏大东	尤宝	1875362****	gongbao@163.net	上海浦东新区	国营企业	一级代理商	2009年5月15日	★★★
002	西西有限公司	兆祥瑞	莫丽	1592125****	xiangrui@163.net	武汉市汉阳区芳草路	个人独资企业	供应商	2010年10月1日	★★
003	潘思有限公司	钱均	品均	1332132****	weiyuan@163.net	深圳南山区科技园	公司企业	一级代理商	2010年10月10日	★★
004	玉霞电子商务有限公司	苏志国	鹏程	1892129****	mingming@163.net	成都市一环路东三段	个人独资企业	供应商	2011年12月5日	★
005	东城建材公司	李杰	罗刚	1586987****	chengxin@163.net	北京市丰台区东大街	公司企业	供应商	2012年5月1日	★★★
006	优信电子商务有限公司	周科	齐淋	1345133****	yaqi@163.net	四川省成都市一环路南四段	国营企业	一级代理商	2013年1月10日	★★★
007	中环物流有限公司	吴林峰	陈红梅	1336582****	xingbang@163.net	杭州市下城区文晖路	合资企业	供应商	2015年8月10日	★★
008	圆梦实业有限公司	郑芝华	林芝华	1362126****	huatai@163.net	北京市西城区金融街	合资企业	供应商	2016年9月10日	★★
009	鼎鑫建材公司	王建国	车静	1365630****	rongxing@163.net	南京市浦口区海院路	公司企业	一级代理商	2016年1月20日	★★★
010	志成有限公司	詹文斌	詹文斌	1586654****	zhongtian@163.net	东莞市东莞大道	个人独资企业	一级代理商	2017年4月10日	★

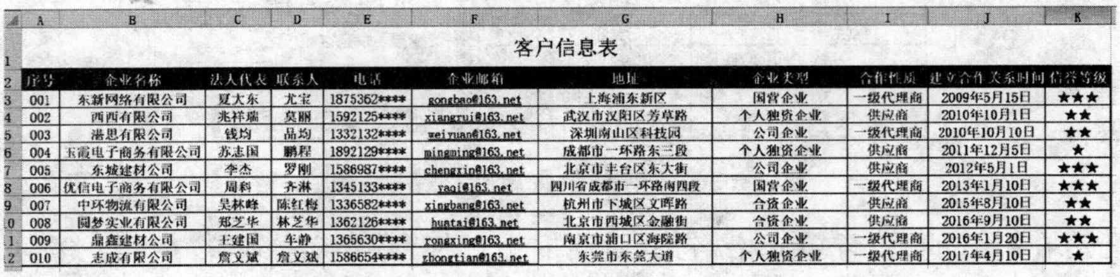

图 1-39　客户信息表的最终效果

3. 保存并关闭工作表

步骤 1:完成数据修改后,选择【文件】|【另存为】菜单命令,如图 1-40 所示。

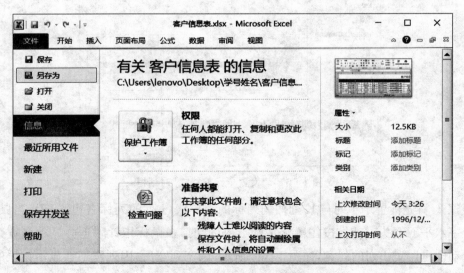

图 1-40　“另存为”菜单命令

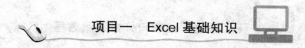

步骤 2：在"另存为"对话框的地址栏中输入"学号＋姓名"的文件夹所在的地址，在"文件名"文本框里输入"客户信息表"，单击"保存"按钮。

步骤 3：单击"菜单栏"中的"关闭窗口"按钮，关闭"客户信息表"工作簿，此时，Excel 工作界面为空，但并未退出 Excel 程序，如图 1-41 所示。

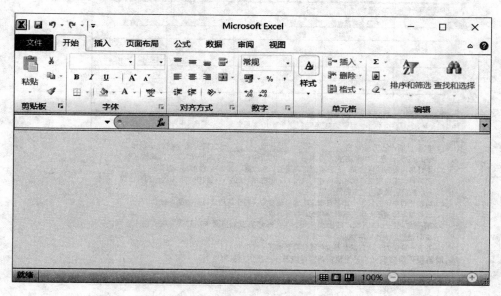

图 1-41　关闭工作簿

任务三：修饰"产品订货单"

小朱打算根据公司合同设计一张产品订货单，订货单要求有签订地点、联系人、物流方式等，合同有关条款都要设计在订货单中。老马为了小朱能将订货单设计得更合理，为小朱介绍了许多商务合同签订的相关知识。

一、情景导入

小朱将老马的各种要求都制作到产品订货单中，发现格式需要进行适当的修饰。要完成这项任务，需掌握修饰表格的相关知识，包括调整行高和列宽、设置单元格格式、为单元格添加边框和底纹等。本任务完成后的最终效果如图 1-42 所示。

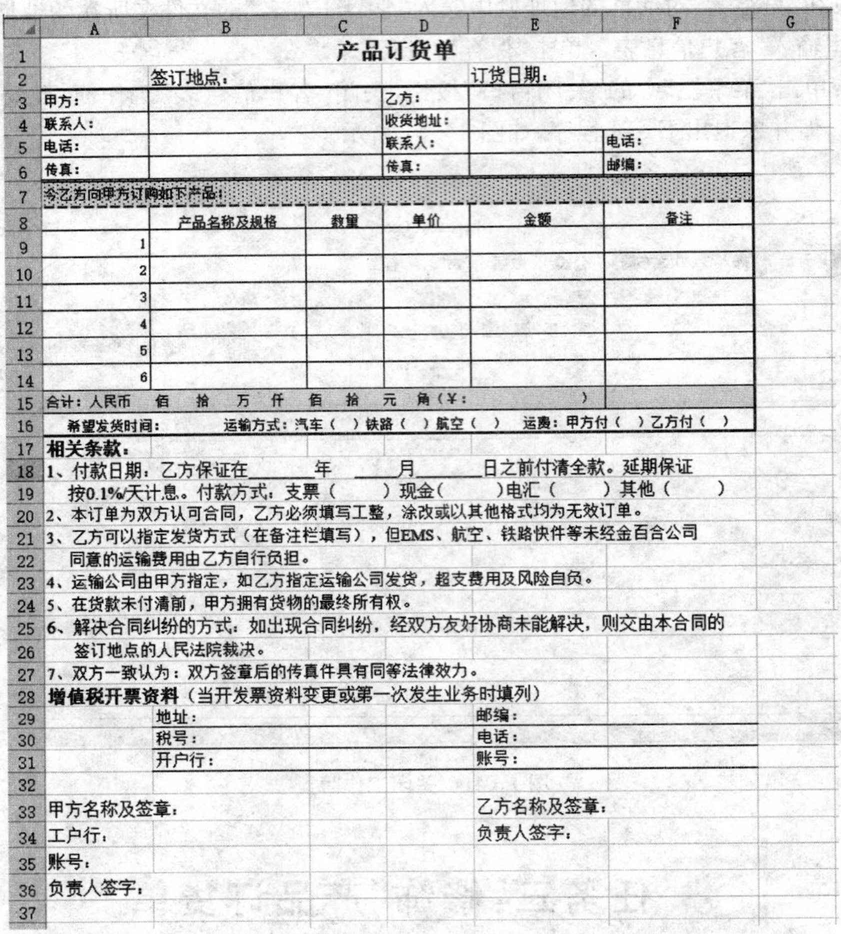

产品订货单

签订地点： 订货日期：

甲方： 乙方：

联系人： 收货地址：

电话： 联系人： 电话：

传真： 传真： 邮编：

今乙方向甲方订购如下产品：

	产品名称及规格	数量	单价	金额	备注
1					
2					
3					
4					
5					
6					

合计：人民币 佰 拾 万 仟 佰 拾 元 角（¥： ）

希望发货时间： 运输方式：汽车（ ）铁路（ ）航空（ ） 运费：甲方付（ ）乙方付（ ）

相关条款：

1、付款日期：乙方保证在_______年 _____月_______日之前付清全款。延期保证按0.1%/天计息。付款方式：支票（ ）现金（ ）电汇（ ）其他（ ）

2、本订单为双方认可合同，乙方必须填写工整，涂改或以其他格式均为无效订单。

3、乙方可以指定发货方式（在备注栏填写），但EMS、航空、铁路快件等未经金百合公司同意的运输费用由乙方自行负担。

4、运输公司由甲方指定，如乙方指定运输公司发货，超支费用及风险自负。

5、在货款未付清前，甲方拥有货物的最终所有权。

6、解决合同纠纷的方式：如出现合同纠纷，经双方友好协商未能解决，则交由本合同的签订地点的人民法院裁决。

7、双方一致认为：双方签章后的传真件具有同等法律效力。

增值税开票资料（当开发票资料变更或第一次发生业务时填列）

地址： 邮编：

税号： 电话：

开户行： 账号：

甲方名称及签章： 乙方名称及签章：

工户行： 负责人签字：

账号：

负责人签字：

图 1－42　产品订货单的最终效果

二、相关知识

要完成产品订货单的表格修饰，需要先了解相关的单元格设置知识。

1. 数据的修饰

数据修饰是指设置数据的外观，如字体、字号、颜色、对齐方式等，可以通过使用“设置单元格格式”对话框中的“字体”选项卡来实现，也可以在【开始】|【字体】组、【开始】|【对齐方式】组、浮动工具栏中进行设置。

2. 单元格的修饰

为了让工作表看起来更加专业和美观，可以对单元格进行适当的修饰，操作方法有为单元格添加边框和底纹、设置文本对齐方式等。方法为：选择需设置的单元格或单元格区域，单击【开始】|【字体】组右下角的对话框启动器按钮，打开“设置单元格格式”对话框，在其中对边框、图案、对齐方式等参数进行设置，完成后单击“确定”按钮。

三、任务实施

打开素材文档"订货单.xlsx"中的"产品订货单"工作表。

1. 设置单元格格式

步骤1:在"产品订货单"工作表中选中 A1:F1 单元格区域,单击【开始】|【对齐方式】中的"合并后居中"命令 合并后居中 ,如图 1-43 所示。

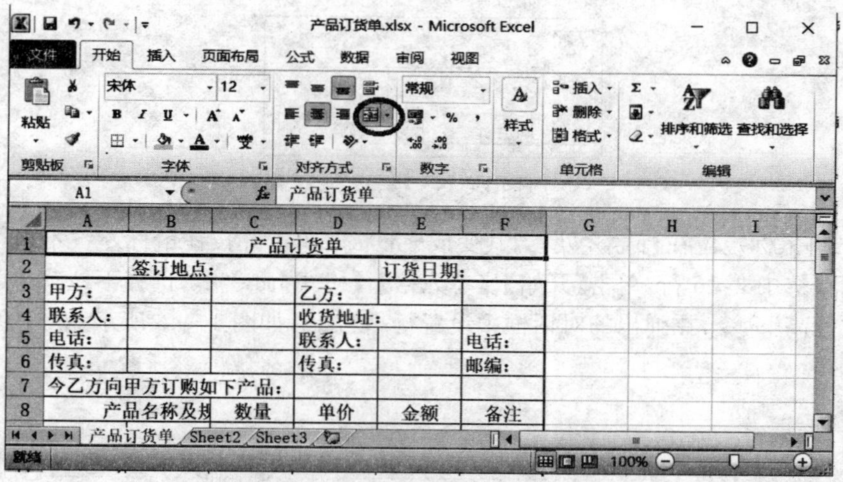

图 1-43 合并单元格后居中显示

步骤2:选择 A1 单元格,单击【开始】|【字体】中的"增大字号"命令 A 两次,单击【开始】|【字体】中的"加粗"命令 B ,将标题字体增大为 16 号并加粗,如图 1-44 所示。

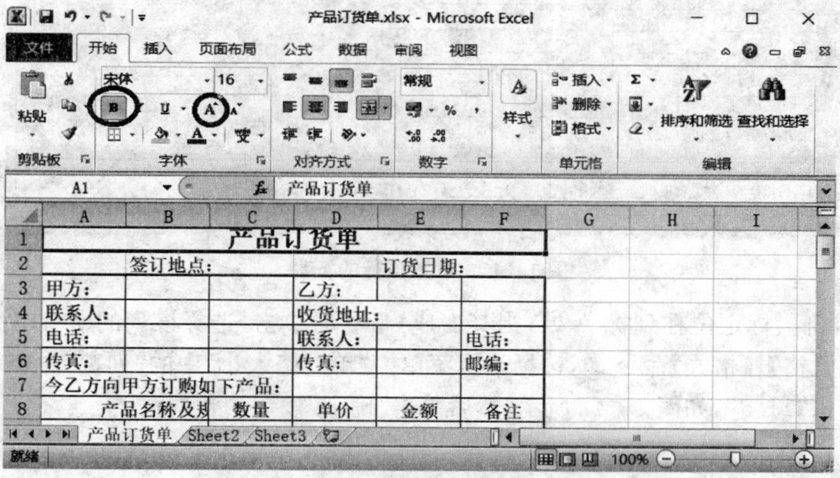

图 1-44 标题字体增大、加粗

2. 调整行高和列宽

当调整单元格中的数据格式后,或单元格中的数据过多时,默认的单元格大小就不能显示全部输入的内容,此时可对单元格的行高和列宽进行适当调整。

步骤 1:选择 A1 单元格,单击【开始】|【单元格】|【格式】命令 ,选择下拉菜单中"单元格大小"中的"行高"命令,在弹出的对话框中设置行高为 20.6,如图 1-45 所示,然后单击"确定"按钮调整行高。

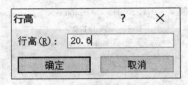

图 1-45 设置行高

步骤 2:将鼠标定位在行号 2 处,当其变成➡形状时单击并按住鼠标左键不放,向下拖曳鼠标至 16 行,选中 2:16 行,单击【开始】|【单元格】|【格式】命令 ,选择下拉菜单中"单元格大小"中的"行高"命令,在弹出的对话框中设置行高为 18,如图 1-46 所示,然后单击"确定"按钮调整行高。

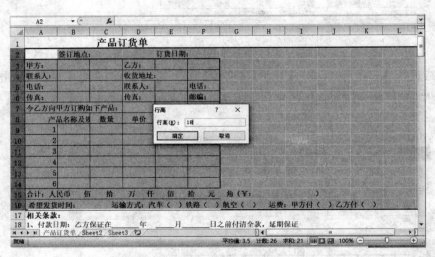

图 1-46 设置多行的行高

步骤 3:将鼠标定位在列标 A 处,当其变成➡形状时单击,选择该列的所有单元格,单击【开始】|【单元格】|【格式】命令 ,选择下拉菜单中"单元格大小"中的"列宽"命令,在弹出的对话框中输入"11.5",如图 1-47 所示,然后单击"确定"按钮调整列宽。

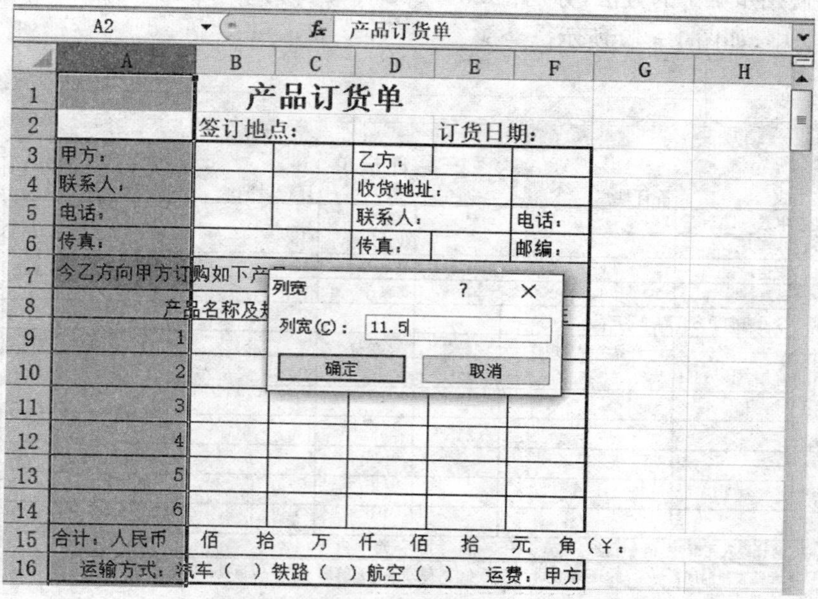

图 1-47 设置列宽(一)

步骤4:使用步骤3的方法设置 B 列、C 列、D 列、E 列、F 列的列宽分别为17、8.1、9.2、14.5、16.3,如图 1-48 所示。

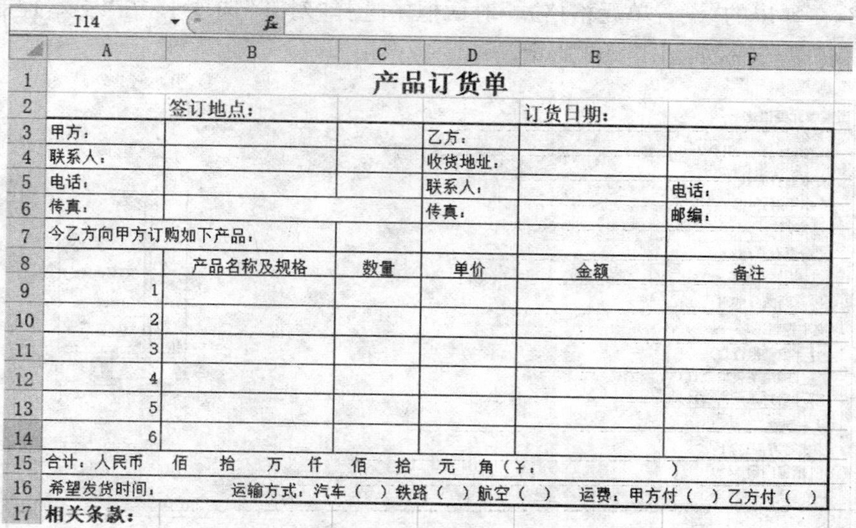

图 1-48 设置列宽(二)

步骤5:使用步骤1的方法,分别将B3:C3、E3:F3、B4:C4、E4:F4、B5:C5、B6:C6单元格区域合并后居中,如图1-49所示。

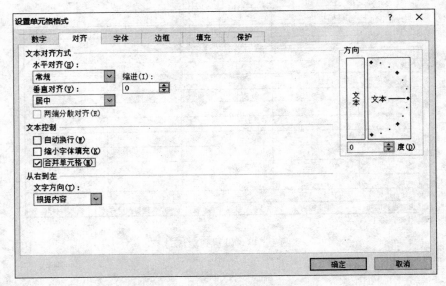

图 1-49　设置列宽(三)

3. 为单元格添加边框和底纹

步骤1:选择A7:F7单元格区域,按"Ctrl+1"组合键打开"设置单元格格式"对话框。

步骤2:在弹出的"设置单元格格式"对话框中选择"对齐"选项卡,在"文本控制"中勾选"合并单元格"复选框,如图1-50所示。

图 1-50　"设置单元格格式"对话框

步骤3:在"设置单元格格式"对话框中选择"边框"选项卡,线条样式选择双框线———,"黑色",单击预置上边框位置;再将线条样式选择为虚线-----,"蓝色,强调文字颜色1",单击预置下边框位置,如图1-51所示。

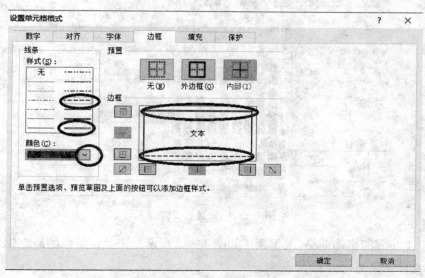

图1-51 设置边框

步骤4:在"设置单元格格式"对话框中选择"填充"选项卡,将"背景色"设置为"橙色,强调文字颜色6,淡色80%",图案样式选择"6.25%灰色",如图1-52所示,单击"确定"按钮完成底纹的设置。

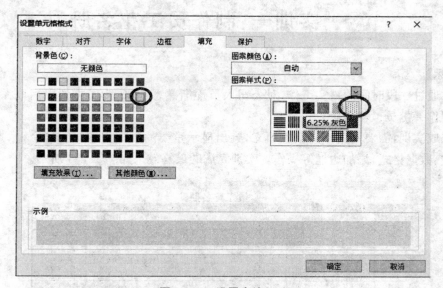

图1-52 设置底纹(一)

步骤5:选择 A15:F15 单元格区域,单击【开始】|【字体】中的"填充颜色"命令 右边的小三角 ,在打开的列表框中选择"橙色,强调文字颜色6,淡色80%",如图1-53所示。

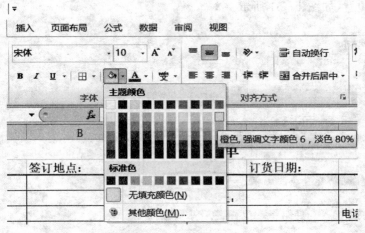

图 1-53 设置底纹(二)

通过以上步骤的修饰调整,就得到了如图 1-42 所示的产品订货单的最终效果。

4. 保存并关闭工作表

步骤 1:完成数据修饰后,选择【文件】|【另存为】菜单命令。

步骤 2:在"另存为"对话框的地址栏中输入"学号+姓名"的文件夹所在的地址,在"文件名"文本框里输入"产品订货单",单击"保存"按钮。

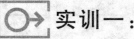 # 实训一:制作员工花名册

【实训目标】

小朱通过一段时间的踏实工作,对公司人员逐渐熟悉起来,为了方便以后联系同事,小朱决定制作一份员工花名册。

要完成实训,需要利用不同颜色填充,突出显示重要的数据内容,还要熟练掌握设置单元格格式、数据格式,添加边框等操作。实训完成的最终效果如图 1-54 所示。

姓名	编号	性别	出生年月	年龄	婚姻状况	最高学历	所在部门	职称	联系方式
肖华伟	001	男	1984/10/29	29	未婚	大学本科	行政部	行政经理	13805172363
黄洪	002	男	1978/6/30	35	已婚	大学专科	促销部	促销主管	13912944260
李江	003	男	1972/2/29	41	已婚	大学专科	总经理办公室	总经理助理	13585196350
赵顺齐	004	男	1980/10/30	33	未婚	大学专科	人事部	人力资源专员	13913862753
査灵	005	男	1975/7/1	38	未婚	研究生	行政部	行政助理	13913806152
沈浩	006	男	1977/3/1	36	未婚	硕士	总经理办公室	办公室文员	18014830025
杨修明	007	男	1983/10/31	30	已婚	研究生	行政部	档案员	13815889367
刘学仁	008	男	1982/7/1	31	未婚	硕士	市场部	办公室文员	15312092089
王雪	009	女	1982/3/2	31	未婚	大学专科	人事部	人力资源助理	15077821086
孙林	010	男	1975/11/1	38	已婚	研究生	人事部	人力资源经理	15850550992
牟力	011	男	1977/7/2	36	已婚	硕士	市场部	广告企划主管	18052019010
张丁香	012	女	1980/3/3	33	未婚	大学本科	行政部	招聘主管	15312092089
徐天明	013	男	1990/11/1	23	已婚	大学本科	行政部	前台	15077821086
周伟	014	男	1984/7/3	29	未婚	大学本科	总经理办公室	办公室文员	15850550992
许绮娜	015	女	1984/10/29	29	已婚	大学本科	市场部	销售助理	18052019010
黄珊珊	016	女	1978/6/30	35	未婚	硕士	市场部	渠道经理	15077821086
林志语	017	男	1984/10/29	29	已婚	大学本科	总经理办公室	办公室主管	15850550992
王成	018	男	1978/6/30	35	未婚	大学本科	市场部	销售专员	18052019010
钱飞	019	男	1984/10/29	29	未婚	研究生	人事部	培训师	13770634661
许丽华	020	女	1978/6/30	35	已婚	大学本科	市场部	片区经理	13512512523
曾雪	021	女	1984/10/29	29	已婚	研究生	市场部	销售经理	18052019010

图 1-54 员工花名册最终效果

操作提示：

打开"员工花名册"，A1：J1 单元格合并后居中。标题格式设为"黑体，22 号，加粗"。A2：J2 单元格区域水平和垂直为居中对齐方式，自动调整列宽。设置 A2：J2 单元格区域字体为黑体，14 号，加粗，白色。底纹颜色为"红色，强调文字颜色 2，深色 50％"。设置 A3：J23 单元格区域字体为"宋体，12 号，黑色"。底纹颜色为"红色：255，绿色：255，蓝色：0"。为 A2：J23 添加"所有框线"和"粗匣框线"。

实训二：制作新发展用户统计表

【实训目标】

老马要求小朱整理出 9 月份新发展用户的资料，小朱对各销售部门的资料仔细分析，整理出新发展用户统计表。

完成本实训需要运用 Excel 的启动与退出、工作簿的保存、数据的输入与编辑、单元格格式的设置等知识。实训完成的最终效果如图 1－55 所示。

用户类型	用户名称	联系方式	销售人员	洽谈事宜		跟进情况	
				获取信息	客户意向	跟进时间	跟进效果
新用户	××食品有限公司	159*****135	袁菜				
新用户	××半成品加工有限公司	182*****174	寇峰				
新用户	××家具有限责任公司	152*****427	李毅				
新用户	××装修有限责任公司	159*****274	曹怡				
新用户	××广告有限公司	182*****274	刘莎				
新用户	××出版社	159*****947	杨帆				

图 1－55　新发展用户统计表最终效果

操作提示：

打开"新发展用户统计表"，将"Sheet1"工作表重命名为"9 月份"。设置 A1：H1、A3：A4、B3：B4、C3：C4、D3：D4、E3：F3、G3：H3 单元格区域合并后居中，E5：H10 单元格自动换行。合并后的 A1 单元格，标题文本字体为"幼圆，22 号，加粗"，设置底纹颜色为"橄榄色，强调文字颜色 3，淡色 80％"，行高 36。

设置 3：12 行行高为 21。

设置 A3：H12 单元格区域自动调整列宽，对齐方式为垂直和水平都居中。

设置 A2：H2 单元格区域文本左对齐，底纹为"橄榄色，强调文字颜色 3，淡色 60％"。

设置 A3：H4 单元格区域，文字为"黑体，14 号，加粗"，底纹为"橄榄色，强调文字颜色 3，淡色 40％"。图案样式为"6.25％灰色"。

设置 A3：H12 单元格区域，框线为"所有框线"和"粗匣框线"。

项目二　　　　　　　　日常办公

Excel 2010 提供了许多用于美化工作表外观的功能,包括为工作表标签设置颜色、使用主题美化表格、在工作表中插入图片和绘制图形、使用 SmartArt 图形、插入艺术字等。

企业在人事管理、财务往来、销售商品等日常活动中,经常需要制作相应的各种单据,本章将介绍一些常见单据和各种报表的制作。

知识技能目标

- 熟练掌握根据模板创建工作簿的方法;
- 熟练掌握创建自选图形、图表和批注的方法;
- 熟练掌握艺术字、文本框的使用方法;
- 掌握公司"员工出入证""面谈记录表""差旅费报销单"等表格的制作。

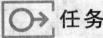 任务一:制作"员工出入证"

一、情景导入

在一些管理比较严格的大型企业,需要对进出人员的身份进行严格的核实。有时需要办理员工出入证,获得出入权,以便节省核查时间。小张接受了制作员工出入证的任务。

二、相关知识

工作表中单一的数据信息会显得十分枯燥,为了丰富表格内容,可以在其中插入图片、形状、艺术字、文本框等对象来达到美化和突出表格内容的目的。下面分别介绍插入各类对象的方法。

1. 各种图片对象的用法

为了美化并丰富表格内容,Excel 提供了多种图片对象,包括剪贴画、图片、自选图形、艺术字等对象,都是通过在"插入"选项卡中选择相应的插入对象来实现的。

• **剪贴画**　Excel 2010 自带有许多剪贴画,收集在 Excel 2010 剪辑库中。在表格中插入剪贴画的方法为:打开需插入剪贴画的工作表,单击【插入】|【插图】|【剪贴画】命令,打开"剪贴画"任务窗格,在其中即可搜索并插入所需剪贴画。

• **计算机中的图片**　打开需插入图片的工作表,单击【插入】|【插图】|【图片】命令,在打开的"插入图片"对话框中选择所需图片后单击"插入"按钮,完成图片的插入操作。

• **自定义形状**　Excel 提供了线条、连接符、基本形状、流程图等不同类型的自选图形,其插入方法为:打开需插入自选图形的工作表,单击【插入】|【插图】|【形状】命令,在弹出的下拉列表中选择一种形状,此时鼠标指针变为"+"形,在工作表中需插入图形处按住鼠标左键不放并拖曳至适当的位置再释放,即可完成自定义形状的插入。

• **艺术字**　虽然通过对字符进行格式化设置后,可以在很大程度上改善视觉效果,但并不能对这些字符文本随意改变位置或形状。而使用艺术字,则可以方便地调整它们的大小、位置和形状等。艺术字有一个文字样式库,用户可以单击【插入】|【文本】|【艺术字】命令,在弹出的下拉列表中选择所需要的艺术字样式,将其添加到工作表中以制作出装饰性效果。

2. 文本框的定义

文本框是一种可灵活移动、任意调整大小的文字或图形工具,与单元格相比,避免了合并和调整单元格大小的麻烦,对于表格中需要注释的部分尤其适用。Excel 提供了横排文本框和垂直文本框两种不同的类型,用户可以根据需求进行选择。

在工作表中插入文本框的方法为:打开需插入文本框的工作表,单击【插入】|【文本】|【文本框】命令,在其下拉列表中选择一种文本框,按住鼠标左键不放并拖曳至适当位置再释放,则可插入任意大小的文本框。

➡ 三、任务实施

1. 绘制并编辑形状

员工出入证主要由图形和文本两部分组成,下面首先制作员工出入证的框架,即在表格中插入矩形和圆角矩形两种形状,并对其进行适当美化。具体操作步骤如下:

步骤 1:打开 Excel,单击【视图】|【显示】选项组中"网格线"复选框前的"√",取消选中状态,即取消网格线的显示。

步骤 2:单击【插入】|【插图】|【形状】命令,在弹出的下拉列表的"矩形"栏中选择"矩形"选项。

步骤 3:当鼠标指针变为+形状时,在表格中按住鼠标左键不放并拖曳至适当的位置再释放,绘制一个矩形。

步骤 4:单击【格式】|【形状样式】命令,在下拉列表中选择"浅色 1 轮廓,彩色填充—橄榄色,强调颜色 3"的样式,如图 2-1 所示。

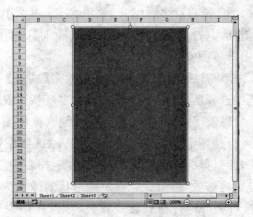

图 2-1　绘制矩形

步骤 5:单击【插入】|【插图】|【形状】命令,在弹出的下拉列表的"矩形"栏中选择"圆角矩形"选项,然后绘制一个圆角矩形。

步骤 6:单击【格式】|【形状样式】|【形状填充】命令,在下拉列表中选择"蓝色"选项。

步骤 7:单击"形状轮廓"右侧的下拉按钮,在弹出的下拉列表中选择"白色,背景 1"选项。

步骤 8:单击"形状效果"右侧的下拉按钮,在下拉列表中选择"阴影"选项,在其子菜单的"外部"栏中选择"向下偏移"选项,调整圆角矩形位置,如图 2-2 所示。

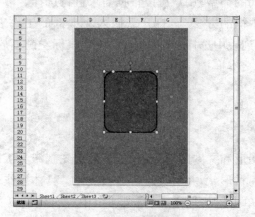

图 2-2　绘制圆角矩形

2. 插入公司 Logo

公司 Logo 是员工出入证中不可缺少的元素,下面将在绘制的自选图形中添加公司 Logo,具体操作步骤如下:

步骤 1:选择当前工作表中的任意一个单元格,单击【插入】|【插图】|【图片】命令,弹出"插入图片"对话框,如图 2-3 所示。

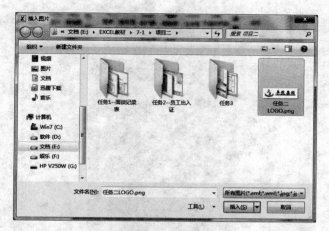

图 2-3 "插入图片"对话框

步骤 2：在"插入图片"对话框中选择"Logo. png"选项，然后单击"插入"按钮，将所选图片插入到工作表中。

步骤 3：将鼠标指针移至插入图片右下角的控制点上，按住鼠标左键不放并拖曳，调整图片位置及大小，合适后释放鼠标，如图 2-4 所示。

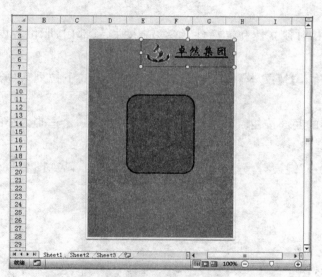

图 2-4 插入 Logo

3. 创建艺术字

为了点明证件的主题，还需要输入相关文字。下面将在表格中插入艺术字，根据需求对艺术字进行美化，具体操作步骤如下：

步骤 1：单击【插入】|【文本】|【艺术字】命令，在弹出的下拉列表中选择"填充－红色，强调文字颜色 2，粗糙棱台"选项。

步骤 2：插入艺术字文本框，且其中的文字呈选中状态，设置字号为"24"，输入文本为"员工出入证",如图 2-5 所示。

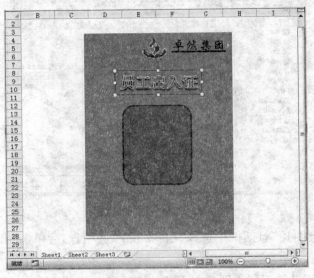

图 2-5 插入艺术字

4. 插入文本框和直线

利用文本框的相对独立性和灵活性,继续输入姓名、部门、职位等内容,具体操作步骤如下:

步骤 1:单击【插入】|【文本】|【文本框】命令,在弹出的下拉列表中选择"横排文本框"选项。

步骤 2:在矩形的底部按住鼠标左键不放并拖曳,插入一个适当大小的文本框,并在文本插入点处输入"部门:"。

步骤 3:按"Enter"键换行,分别输入文本"姓名:""单位:",如图 2-6 所示。

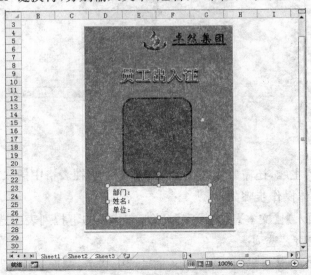

图 2-6 插入文本框

步骤4：将鼠标指针移至文本框的边缘并单击，选择插入的文本框，然后单击【格式】|【填充颜色】命令，在弹出的下拉列表中选择"无颜色"选项。

步骤5：选中文本框中输入的文字，设置字体为"黑体，加粗"，如图2-7所示。

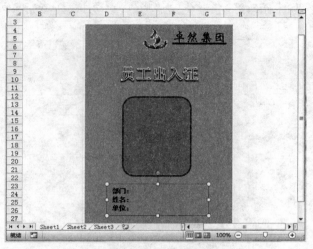

图2-7 设置字体

步骤6：在文本框边缘上单击，选中文本框，单击鼠标右键，在弹出的快捷菜单中选择"设置形状格式"命令，弹出"设置形状格式"对话框，在左侧的列表中选择"线条颜色"选项卡，在右侧单击选中"无线条"，单击"关闭"按钮，如图2-8所示。

图2-8 "设置形状格式"对话框

步骤7：单击【插入】|【插图】|【形状】命令，在弹出的下拉列表的"线条"组中选择"直线"选项。

步骤 8：将鼠标指针移至"部门："文本右边，当鼠标变为"＋"形状后，按住"Shift"键的同时按住鼠标左键不放并拖曳，绘制一条直线。

步骤 9：绘制的直线呈选中状态，单击右键，在快捷菜单中打开"设置形状格式"对话框，设置"线型"的"宽度"为"1磅"，"线条颜色"为"黑色，文字1"，效果如图2-9所示。

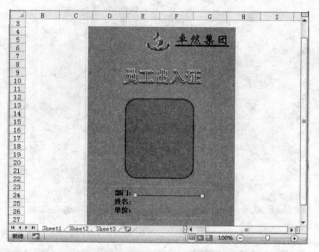

图 2-9　插入自选图形

步骤 10：利用"Ctrl＋C"组合键和"Ctrl＋V"组合键，复制粘贴两条相同的直线，并将直线移至相应的文本后，最终效果如图2-10所示。

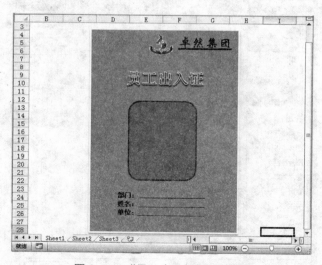

图 2-10　"员工出入证"最终效果

任务二：制作"面谈记录表"表格

一、情景导入

从事人事招聘工作的小白，经常要对面试对象的工作习惯、工作心态及价值取向做出判断，了解面试对象的个人发展方向，从而为公司挑选出具有良好的职业精神、工作心态，以及发展潜力的合格员工。

二、任务实施

要做出美观实用的"面谈记录表"，具体操作步骤如下：

步骤1：启动 Excel，创建一个空白工作簿，将其命名为"面谈记录表"。

步骤2：将工作表"Sheet1"重命名为"面谈记录表"，在表格适当位置输入如图 2-11 所示的相关数据。

图 2-11 "面谈记录表"数据录入

步骤3：单击【插入】|【插图】|【形状】命令，在弹出的下拉列表中选择"矩形"组中的"圆角矩形"按钮。当光标变成"＋"形时，拖动鼠标绘制一个刚好覆盖表格的圆角矩形，如图 2-12 所示。

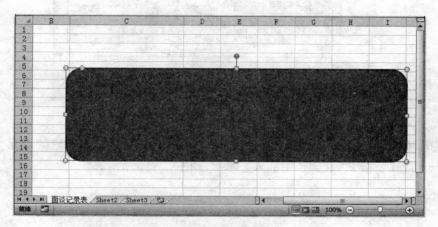

图 2-12 绘制圆角矩形

步骤4：单击【格式】|【形状样式】组右下角的"设置形状格式"按钮，在弹出的"设置图片格式"对话框"线型"栏中设置宽度为"3磅"，复合类型为"双线"，如图2-13所示。

图2-13 "设置图片格式"对话框

步骤5：单击【格式】|【形状样式】|【形状填充】命令，在弹出的下拉菜单中单击"纹理"选项，选择"羊皮纸"样式，为圆角矩形填充特殊效果。

步骤6：单击【格式】|【形状样式】组右下角的"设置形状格式"按钮，在弹出的"设置图片格式"对话框中设置"填充"的透明度为"70％"，效果如图2-14所示。

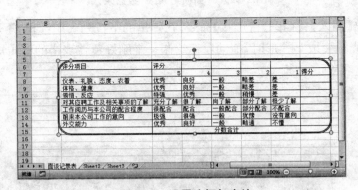

图2-14 设置边框与底纹

步骤7：单击【插入】|【文本】|【艺术字】命令，在弹出的下拉列表中选择"填充－茶色，文本2，轮廓－背景2"样式，在文档中插入艺术字，如图2-15所示。

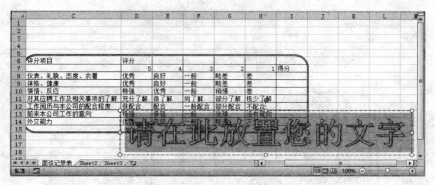

图 2-15 插入艺术字

步骤 8：在"请在此放置您的文字"文本框中输入艺术字文本"面谈记录表"，拖动艺术字的外框可以调整艺术字的位置；拖动艺术字四周的句柄，可以调整艺术字的大小。

步骤 9：单击【格式】|【艺术字样式】|【文本效果】命令，在弹出的下拉列表中选择文本的阴影效果，如阴影、发光、棱台、三维旋转等。

步骤 10：单击【插入】|【文本】|【文本框】命令，在弹出的下拉菜单中选择"横排文本框"类型。

步骤 11：在工作表中拖动鼠标绘制一个横排文本框，释放鼠标左键后，在文本框中输入文字，选中文字后设置字体为"华文新魏"，字号为"12"，拖动文本框将其调整至合适的新位置，如图 2-16 所示。

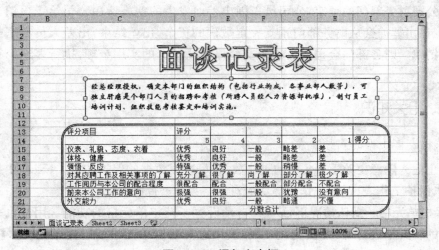

图 2-16 添加文本框

步骤 12：单击【格式】|【形状样式】|【形状填充】命令，在弹出的下拉列表中选择"无填充颜色"命令，去除文本框的填充颜色。

步骤 13：单击【格式】|【形状样式】|【形状轮廓】命令，在弹出的下拉列表中选择"无轮廓"命令，去除文本框的边框。最终效果如图 2-17 所示。

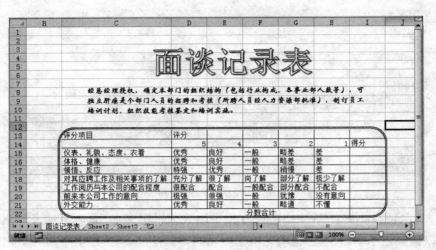

图 2-17 文本框格式设置

任务三：制作"差旅费报销单"表格

一、情景导入

根据公司财务部门的规定,公司员工因出差而发生的差旅费用公司给予报销。一般情况下,员工在出差前会从财务部门预支一定数额的资金,出差结束,出差人员需完整地填写差旅费报销单。财务部门会根据员工上交的原始凭证上的实用金额,执行多退少补的报销政策。

二、相关知识

1. 保护表格数据的几种方式

为防止他人随意更改 Excel 中的表格数据,可启用数据的保护功能。Excel 中提供了保护单元格、保护工作表、保护工作簿等功能对表格数据进行保护。

• **保护单元格**　默认情况下,Excel 自动设置了锁定单元格的功能。用户也可自选设置需保护的单元格内容,其方法为:在工作表中选择所有单元格,单击【单元格】|【格式】命令,在下拉列表中选择"设置单元格格式"选项,在弹出的"设置单元格格式"对话框中单击"保护"选项卡,撤销选中其中的所有复选框,单击"确定"按钮,然后再选择需锁定的单元格区域,在"单元格格式"对话框中单击选中相应的复选框,如图 2-18 所示,完成后单击"确定"按钮即可。

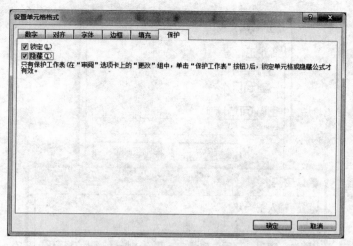

图 2－18　"设置单元格格式"对话框

· **保护工作表**　设置工作表的保护功能后,其他用户只能查看表格数据,而不能修改工作表中的数据。要保护工作表,首先应选择需设置保护功能的工作表,然后单击【审阅】|【更改】|【保护工作表】命令,在弹出的"保护工作表"对话框中设置保护的范围和密码后单击"确定"按钮,在打开的"确认密码"对话框的文本框中输入相同的密码,单击"确定"按钮,如图 2－19 所示。

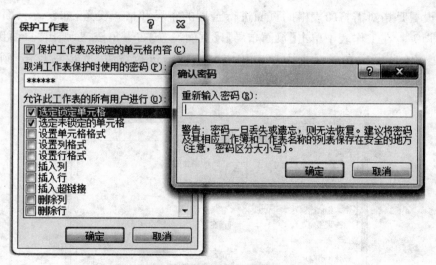

图 2－19　"保护工作表"对话框

· **保护工作簿**　如不希望工作簿中的重要数据被他人使用或查看,可设置工作簿的保护功能,保证工作簿的结构和窗口不被他人修改。要保护工作簿,可在需设置保护功能的工作簿中单击【审阅】|【更改】|【保护工作簿】命令,在下拉列表中选择"保护结构和窗口",在弹出的"保护工作簿"对话框中设置保护的范围和密码,单击"确定"按钮,在打开的"确认密码"对话框的文本框中输入相同的密码,单击"确定"按钮,如图 2－20 所示。

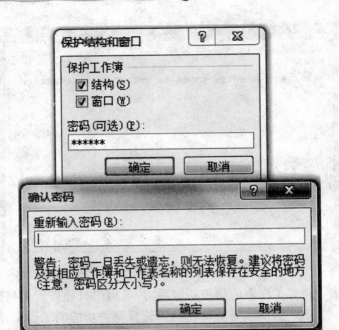

图 2-20 "保护工作簿"对话框

2. "页面设置"对话框的使用

页面设置是指对需打印表格的页面进行合理的布局和格式设置,如设置页面、页边距、页眉与页脚等。在工作表中单击【页面布局】|【页面设置】右下角按钮,弹出"页面设置"对话框,如图 2-21 所示。在对话框中单击相应的选项卡进行设置,完成后单击"确定"按钮即可。

图 2-21 "页面设置"对话框

对话框中各选项的含义如下：

· **"页面"选项卡**　用来设置打印表格的纸张方向、纸张比例、纸张大小等。该选项卡中的"方向"栏用来设置纸张的排列方向；"缩放"栏用来设置表格的缩放比例与纸张尺寸；"纸张大小"下拉列表框用来选择打印纸张的规格，如 A4、B5 等。

· **"页边距"选项卡**　用来设置表格数据距页面上、下、左、右各边的距离，以及表格在页面中的居中方式，如水平、垂直。

· **"页眉/页脚"选项卡**　在 Excel 中不仅可使用系统自带的页眉与页脚样式，还可自定义页眉与页脚样式。使用系统自带的页眉与页脚样式的方法非常简单，只需在"页眉/页脚"选项卡的"页眉"或"页脚"下拉列表框中选择一种页眉与页脚样式，单击"确定"按钮，如图 2－22 所示。

图 2－22　设置页眉/页脚

若需自定义页眉与页脚样式，则在"页眉/页脚"选项卡中单击"自定义页眉"或"自定义页脚"按钮，在打开的"页眉"或"页脚"对话框中，首先在"左""中"和"右"文本框中确定设置页眉与页脚后的内容的存放位置，然后依次单击文本框上相应的按钮，设置页眉或页脚的字体格式、插入当前页码和总页码、插入日期与时间、插入文本路径或文件名、插入标签名和插入图片等，如图 2－23 所示。

图 2－23　自定义页眉/页脚

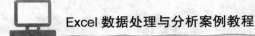

3. 设置打印预览和打印输出

为了使表格中的数据具有较强的可读性，并能美观地呈现在纸张上，在打印工作表之前，应先预览打印效果，满意后再进行打印。

• **设置打印预览** 在 Excel 工作界面中单击【文件】|【打印】命令，在菜单右侧打开的预览窗口中即可预览打印效果，还可进行预览设置，如图 2-24 所示。

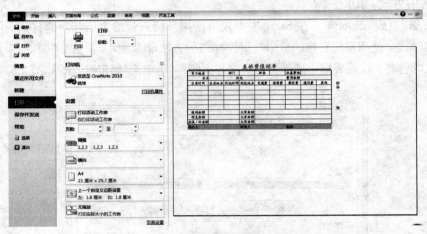

图 2-24 打印预览

• **设置打印输出** 单击【文件】|【打印】命令，在弹出的"打印内容"对话框中可对打印机、打印范围、打印内容和打印份数进行设置，如图 2-25 所示。

图 2-25 设置打印参数

三、任务实施

1. 保护表格数据

差旅费报销单主要包括单位名称、报销日期、相关费用、出差补贴和报销金额等项目,涉及设置工作簿中单元格、工作表、工作簿的保护功能。具体操作步骤如下:

步骤1:启动 Excel,创建一个空白工作簿,将其命名为"差旅费报销单"。

步骤2:将工作表"Sheet1"重命名为"差旅费报销单",在表格适当位置输入报销单基本项目,如图2-26所示。

图2-26　差旅费报销单

步骤3:将标题行合并,水平、垂直居中,字体设置为"楷体",字号设置为"20","会计用双下划线",颜色设置为"红色";选中单元格区域 A2:I12,设置为水平居中,字体为"楷体",添加边框为:外边框为"较粗实线",内部为"淡紫""细实线"。

步骤4:选中单元格区域 A13:I13,填充"淡紫色"底纹。选中单元格区域 J1:J13,合并单元格,并设置文本方向为"竖排方向",添加相应文字。

步骤5:对"差旅费报销单"进行修饰,对部分单元格进行合并处理,并适当调整行高和列宽,如图2-27所示。

图2-27　"差旅费报销单"最终效果

2. 设置页面并预览打印效果

首先设置纸张方向、缩放比例、纸张大小,然后设置表格在页面中的居中方式,完成后预览打印效果。其具体操作如下:

步骤1:单击【页面布局】|【页面设置】右下角按钮,弹出"页面设置"对话框。在对话框的"页面"选项卡的"方向"栏中单击选中"横向"单选项,在"缩放"栏中单击选中"调整为"单选项,在其后的数值框中输入"1",在"纸张大小"下拉列表框中选择"B5"选项,其他各项保持默认设置,如图2-28所示。

图2-28 "页面设置"对话框

步骤2:单击"页边距"选项卡,在"居中方式"栏中选中"水平"和"垂直"复选框,如图2-29所示。

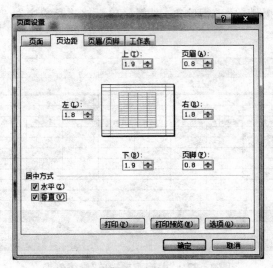

图2-29 设置页边距

步骤3：单击"打印预览"按钮，在打开的打印预览窗口中预览打印效果，如图 2 - 30 所示。

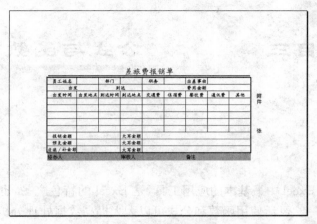

图 2 - 30 打印效果预览

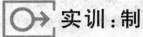 实训：制作"工作汇总表"

【实训目标】

工作汇总表是总结性的工作汇报，制作工作汇总表不仅可以让员工对自我的工作进行总结，对整体的工作进程有一个了解，同时可以明确工作进度或者工作结果，以便制订下一步工作。小李作为办公室文员，主动承担了制作"工作汇总表"的任务。

本任务完成后的最终效果如图 2 - 31 所示。

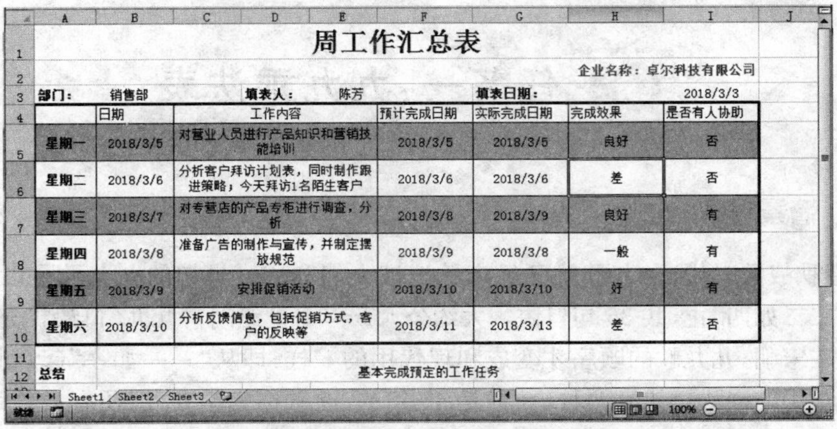

	日期	工作内容	预计完成日期	实际完成日期	完成效果	是否有人协助
星期一	2018/3/5	对营业人员进行产品知识和营销技能培训	2018/3/5	2018/3/5	良好	否
星期二	2018/3/6	分析客户拜访计划表，同时制作跟进策略，今天拜访1名陌生客户	2018/3/6	2018/3/6	差	否
星期三	2018/3/7	对专卖店的产品专柜进行调查，分析	2018/3/8	2018/3/9	良好	有
星期四	2018/3/8	准备广告的制作与宣传，并制定摆放规范	2018/3/9	2018/3/8	一般	有
星期五	2018/3/9	安排促销活动	2018/3/10	2018/3/10	好	有
星期六	2018/3/10	分析反馈信息，包括促销方式、客户的反映等	2018/3/11	2018/3/13	差	否
总结		基本完成预定的工作任务				

周工作汇总表
企业名称：卓尔科技有限公司
部门： 销售部 填表人： 陈芳 填表日期： 2018/3/3

图 2 - 31 "工作汇总表"最终效果

项目三　　公式与函数

　　公式和函数是 Excel 中最基本的应用工具,是 Excel 的特色之一,也是最能体现其出色计算能力的方面之一。灵活使用函数和公式可以大大提高数据处理分析的能力和效率。在 Excel 中,工作表单元格之间除可以使用运算符连接常量、用单元地址和名字的简单公式来表示它们之间的相关性外,还可以将一些数据的相关关系表示成函数关系。公式是 Excel 的核心,如果不需要公式,完全可以运用其他的文字处理软件来建立电子表格。Excel 提供了丰富的环境来创建复杂的公式,公式与函数结合就使 Excel 成为了功能强大的数据分析工具。

知识技能目标

- 熟练掌握公式的概念及应用;
- 熟悉绝对地址与相对地址;
- 掌握函数分类与函数调用;
- 了解常用函数的含义及用法。

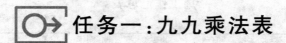 **任务一：九九乘法表**

➡ 一、情景导入

　　远在春秋战国时代,九九歌就已经广泛地被人们利用。最初的九九歌是以"九九八十一"起,到"二二如四"止,共 36 句口诀。大约公元 5~10 世纪间,"九九"口诀扩充到"一一如一"。大约在宋朝,九九歌的顺序才变成和现代用的一样,即从"一一如一"起,到"九九八十一"止。现在用的乘法口诀有两种,一种是 45 句的,通常称为小九九;还有一种是 81 句的,通常称为大九九。本任务将介绍如何利用 Excel 制作小九九乘法表。

二、相关知识

1. 公式

在 Excel 中,公式是以"="号为引导,进行数据运算处理并返回结果的等式。当用户在单元格中输入等号时,Excel 程序就默认在该单元格中开始输入公式。当输入公式完成后,就可以进行计算。

公式的组成要素包括等号"="、运算符、单元格引用、值或常量、工作表函数、名称等。

- **运算符** 是构成公式的基本元素之一,用于对公式中的元素进行特定类型的计算,每个运算符分别代表一种运算。
- **单元格引用** 对需要计算的单元格中的数值进行引用。如"A1""＄A＄1"等。
- **值或常量** 直接输入公式中的值或文本。如"1""数量"等。
- **工作表函数** 包括一些函数和参数,用于返回一定的函数值。
- **名称** 默认情况下,为了方便对公式的编辑,单元格名称由其所在行的行号加所在列的列标共同组成。使用定义名称功能,可为工作表中的单元格和第一个区域指定一个固定的名称,以便在编辑公式时直接引用该名称。

运算符是公式的基本元素,公式中的运算符通常分为:算术运算符、比较运算符、连接运算符和引用运算符。

- **算术运算符** 用于进行基本的数字计算。如加(+)、减(-)、乘(＊)、除(/)和幂(^)等。
- **比较运算符** 用于比较两个数值,比较运算符计算的结果为逻辑值,即 TRUE 或 FALSE,多用在条件运算中,比较两个数值,根据结果判断下一步的计算。如等于(=)、大于(>)、大于等于(>=)、小于(<)、小于等于(<=)、不等于(<>)等。
- **连接运算符** 连接一个或多个文本字符串形成一串文本。使用该运算符时,单元格中的内容将被文本类型处理。连接符为:&。
- **引用运算符** 用于表示单元格在工作表中所在位置的坐标集,为公式指明引用单元格的位置。如冒号(:)、逗号(,)和空格( )。

运算公式时如果使用多个运算符,将按运算符的优先级由高到低进行计算,从优先级1～优先级 9 分别是:幂运算符、乘号、除号、加号、减号、连接号、等于号、小于号和大于号;对于同级运算符,遵循从左到右的原则。

2. 多重运算与数组公式

对一组或多组值进行多次运算就叫做多重运算。对一组或多组值执行多重运算,并返回一个或多个结果的叫做数组公式。数组公式括于大括号{ }中,按"Ctrl＋Shift＋Enter"组合键可以输入数组公式。

3. 单元格引用方式

Excel 为用户提供的单元格引用方式分为相对引用和绝对引用两种。

- **相对引用** 指公式所在单元格与引用单元格的相对地址。这种情况下,复制、填充公式和函数时,引用的单元格地址会相应地进行更新。相对引用下的单元格地址无特殊形态。
- **绝对引用** 指公式所在单元格与引用单元格的绝对地址。这种情况下,复制和填充公式时,引用的单元格地址不会进行更新,原公式里引用的单元格地址是什么,复制和填充的单元格地址也不会发生变化。绝对引用下的单元格地址包含"＄"符号,其中"＄A＄1"表示行号和列标都不变,"A＄1"表示只有列标可变,"＄A1"表示只有行号可变。

相对引用和绝对引用之间可以相互转换,在编辑栏的单元格地址中定位光标插入点,按"F4"键,相对引用变为绝对引用,再次按"F4"键,将在绝对引用的 3 种形态中转换,当绝对引用地址为"＄A1"时,按"F4"键,将重新转换为相对引用。

4. 快速复制公式

复制公式是将现有公式应用于其他单元格的操作,可以省去在其他单元格中再次输入相同公式的麻烦。

方法一:拖动复制法。选中存放公式的单元格,移动光标至单元格右下角。待光标变成十字形状时,按住鼠标左键不放,拖动至合适的位置,完成公式的复制和计算。

方法二:输入复制法。选中需要使用该公式的所有单元格,输入公式,完成后按"Ctrl＋Enter"组合键,该公式就会被复制到已选中的所有单元格中。

方法三:选择性粘贴法。首先,选中存放公式的单元格,并将其复制。然后,选中需要粘贴公式的单元格或单元格区域,在选中的区域内单击鼠标右键,在弹出的右键菜单中点击"选择性粘贴"命令。最后,在打开的"选择性粘贴"对话框中选中"公式"单选项,单击"确定"按钮,公式就会被复制到已选中的单元格。

在复制公式时,如果公式中对单元格的引用是相对引用,则公式中的引用位置会随着公式位置的改变而改变。

三、任务实施

在本例中将利用 Excel 制作小九九乘法表,其具体操作步骤如下:

步骤 1:创建"九九乘法"工作簿

启动 Excel,创建新工作簿,将"Sheet1"工作表重命名为"九九乘法表",按"Ctrl＋S"组合键保存工作簿,并命名为"九九乘法表"。

步骤 2:录入数据

在单元格 A2 和 A3 中输入 1 和 2,选中这两个单元格,将光标置于单元格 A3 右下角,至其变为黑色的十字形状,拖曳右下角的填充柄完成填充,如图 3-1 所示。

	A
1	
2	1
3	2
4	3
5	4
6	5
7	6
8	7
9	8
10	9

图 3-1　纵向填充数据

按同样的方法完成单元格区域 B1:J1 的填充,如图 3-2 所示。

	A	B	C	D	E	F	G	H	I	J
1		1	2	3	4	5	6	7	8	9
2	1									
3	2									
4	3									
5	4									
6	5									
7	6									
8	7									
9	8									
10	9									

图 3-2　横向填充数据

步骤 3:编辑公式

在单元格 B2 中输入"=B$1&"*"&$A2&"="&B$1*$A2",并按"Enter"键,得到公式 1*1=1,再将 B2 中的公式复制到单元格区域 B3:B10 中;将 B3 中的公式复制到 C3,将 C3 中的公式复制到单元格区域 C4:C10 中,依此类推,完成九九乘法表的制作,如图 3-3 所示。

I10			fx	=I$1&"*"&$A10&"="&I$1*$A10						
	A	B	C	D	E	F	G	H	I	J
1		1	2	3	4	5	6	7	8	9
2	1	1*1=1								
3	2	1*2=2	2*2=4							
4	3	1*3=3	2*3=6	3*3=9						
5	4	1*4=4	2*4=8	3*4=12	4*4=16					
6	5	1*5=5	2*5=10	3*5=15	4*5=20	5*5=25				
7	6	1*6=6	2*6=12	3*6=18	4*6=24	5*6=30	6*6=36			
8	7	1*7=7	2*7=14	3*7=21	4*7=28	5*7=35	6*7=42	7*7=49		
9	8	1*8=8	2*8=16	3*8=24	4*8=32	5*8=40	6*8=48	7*8=56	8*8=64	
10	9	1*9=9	2*9=18	3*9=27	4*9=36	5*9=45	6*9=54	7*9=63	8*9=72	9*9=81

图 3-3　九九乘法表

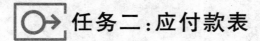

任务二:应付款表

一、情景导入

某公司往来账户里有 10 个供货商账户,应付各个供货商的金额大小不等。公司计划近期付款,付款方案有两种。方案 1:小于或等于 1000 元的账户一次性付清,大于 1000 元的账户偿付应付金额的 50%。方案 2:小于或等于 3000 元的账户一次性付清,大于 3000 元的账户偿付应付金额的 40%。公司希望财务人员创建一份表格,计算两种方案下的支付明细和总付款金额。

二、相关知识

1. Excel 函数分类

函数和公式是彼此相关但又完全不同的两个概念。函数是按特定算法执行计算,产生一个或一组结果的预定义的特殊公式。

在 Excel 中,只在输入公式的表达式中调用函数。输入函数有多种方法,无论使用什么方法,目的都是将函数准确、快速地输入到表达式中要调用的位置。要注意每种函数的功能

及其参数的个数、含义和类型。Excel 根据函数用途上的不同,划分为以下几种类型:

(1) 财务函数

财务函数主要用于金融和财务方面的业务计算。

(2) 日期和时间函数

日期和时间函数可以对 Excel 中的日期和时间值进行处理。

(3) 数学和三角函数

数学和三角函数可以进行各类数学和三角运算。

(4) 统计函数

统计函数可以对数据进行统计分析。

(5) 查找与引用函数

查找和引用函数主要用于在数据清单中查询匹配或引用特定的数据。

(6) 文本函数

文本函数主要用于文本字符串的处理工作。

(7) 逻辑函数

逻辑函数可以根据设定的测试条件得出相应的逻辑结果。

(8) 信息函数

信息函数通常用于确定单元格中数据的类型以及其中所包含的一些信息。

(9) 工程函数

工程函数主要用于工程应用,包括复数计算、进制转换、度量转换等应用。

(10) 数据库函数

数据库函数主要用来对符合特定条件的数据清单中的数值进行统计分析,这一类函数在使用时需要设定条件区域。

(11) 多维数据集函数

多维数据集函数可以对 OLAP 多维数据集的数据进行处理。

(12) 兼容性函数

兼容性函数从功能上来说属于统计函数,但相比统计函数,其具有更新的替代函数可实现更优的算法和功能。

(13) 自定义函数

自定义函数通常是第三方组织或人员通过 VBA 创建的加载到 Excel 中的额外函数,这些函数的功能和算法都由用户在编写 VBA 过程中自行定义。这类函数的使用需要依赖相应的 VBA 代码或加载宏,一旦脱离这样的环境,函数将无法计算。

在 Excel 功能区上单击"公式"选项卡,可以看到以上部分函数类别,如图 3-4 所示。

图 3-4　函数分类

2. 通过向导插入函数

方法一:单击【公式】|【插入函数】按钮,在出现的"插入函数"对话框中单击"或选择类别"下拉按钮,其中会显示各个函数类别,可以根据这些函数类别选取所需函数,如图3-5所示。

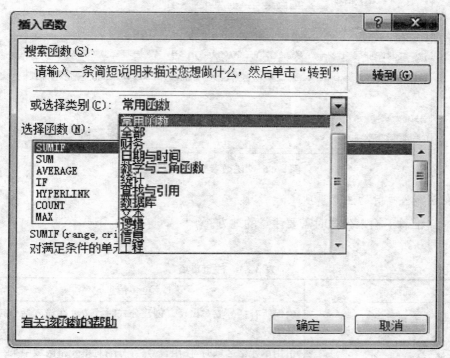

图3-5 "插入函数"对话框

方法二:选中需要输入公式的单元格,单击【开始】|【编辑】|【自动求和】按钮右侧的 ,在弹出的下拉菜单中单击"其他函数"命令,即可打开"插入函数"设置向导插入函数。

方法三:选中需要输入公式的单元格,单击"公式编辑栏"的 按钮,就可打开"插入函数"设置向导插入函数。

3. 通过向导设置函数参数

对于一些不经常使用的函数,如 VLOOKUP 函数,很容易忘记函数参数的设置方法,可以通过"函数参数"设置向导来设置函数参数。

首先,在公式编辑栏中输入"=VLOOKUP(",用鼠标单击公式编辑栏的 按钮,进入"函数参数"设置向导中。然后,在"函数参数"设置向导中,通过各参数对应的拾取器来选择各参数条件单元格区域。各参数设置完成后,在参数下会自动显示计算结果。如果正确,则单击"确定"按钮,即可在单元格中返回计算结果;若计算结果不正确,可以重新对各参数进行设置,如图3-6所示。

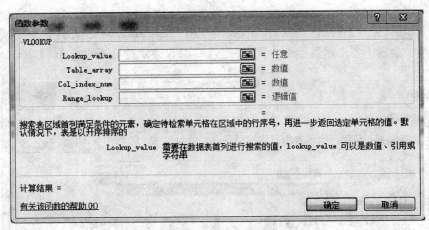

图 3-6 "函数参数"对话框

4. 在创建公式时的注意事项

表 3-1 汇总了输入公式时需要注意的地方。

表 3-1 注意事项

确保	更多信息
所有左括号和右括号匹配	确保所有括号成对出现。创建公式时,Excel 在输入括号时将括号显示为彩色
用冒号表示区域	引用单元格区域时,使用冒号(:)分隔对单元格区域中第一个单元格的引用和对最后一个单元格的引用
输入所有必需参数	还要确保没有输入过多的参数
函数的嵌套不超过 7 层	可以在函数中输入或嵌套 7 层以下的函数
将其他工作表名称包含在单引号中	如果公式中引用了其他工作表或工作簿中的值或单元格,并且这些工作簿或工作表的名称中包含非字母字符,那么必须用单引号(')将其名称引起来
包含外部工作簿的路径	确保每个外部引用都包含工作簿的名称和路径
输入无格式的数字	在公式中输入数字时,不要为数字设置格式。例如,即使要输入的值是￥1000,也应该在公式中输入 1000

5. 关键函数讲解

(1) IF 函数

① 函数用途

如果指定条件的计算结果为 TRUE,则 IF 函数将返回某个值;如果该条件的计算结果为 FALSE,则返回另一个值。例如,如果 A1 大于 100,公式"＝IF(A1＞100,"大于 100","不大于 100")"将返回"大于 100";如果 A1 小于或等于 100,则返回"不大于 100"。

② 函数语法

IF(logical_test,[value_if_true],[value_if_false])

③ 参数解释

• logical_test：必需。计算结果可能为 TRUE 或 FALSE 的任意值或表达式。例如，A10＝100 就是一个逻辑表达式，如果单元格 A10 中的值等于 100，表达式的计算结果为 TURE；否则为 FALSE。此参数可使用任何比较运算符。

• value_if_true：可选。是 logical_test 参数的计算结果为 TRUE 时所要返回的值。例如，如果此参数是文本字符串"预算内"，而且 logical_test 参数的计算结果为 TRUE，则 IF 函数显示文本"预算内"。如果 logical_test 为 TRUE 而 value_if_true 为空，则此参数返回 0（零）。若要显示单词 TRUE，则此参数应使用逻辑值 TRUE。value_if_true 可以是其他公式。

• value_if_false：可选。是 logical_test 参数的计算结果为 FALSE 时所要返回的值。例如，如果此参数是文本字符串"超出预算"，而 logical_test 参数的计算结果为 FALSE，则 IF 函数显示文本"超出预算"。如果 logical_test 为 FALSE 而 value_if_false 被省略（即 value_if_true 后没有逗号），则会返回逻辑值 FALSE。如果 logical_test 为 FALSE 且 value_if_false 为空（即 value_if_true 后有逗号并紧跟着右括号），则会返回 0（零）。value_if_false 可以是其他公式。

④ 函数说明

• 此函数最多可以使用 64 个 IF 函数作为 value_if_true 和 value_if_false 参数进行嵌套以构造更详尽的测试。若要检测多个条件，可考虑使用 LOOKUP、VLOOKUP 或 HLOOKUP 函数。

• 在计算参数 value_if_true 和 value_if_false 时，IF 会返回相应语句执行后的返回值。

• 如果函数 IF 的参数包含数组，则在执行 IF 语句时，数组中的每一个元素都将计算。

Microsoft Excel 还提供了其他一些函数，它们可根据条件来分析数据。例如，如果要计算某单元格区域内某个文本字符串或数字出现的次数，则可使用 COUNTIF 和 COUNTIFS 函数。若要计算基于某区域内一个文本字符串或一个数值的总和，可使用 SUMIF 和 SUMIFS 函数。

⑤ 函数简单示例

示例一，数据表如图 3-7 所示。

	A
1	数据
2	50

图 3-7 数据表 1

示例说明如表 3-2 所示。

表 3-2　IF 函数结果示例说明 1

序号	公式	说明	结果
1	=IF(A2<=100,"预算内","超出预算")	如果 A2 中的数字小于等于 100,则公式将显示"预算内"。否则,公式显示"超出预算"	预算内
2	=IF(A2=100,SUM(C6:C8)," ")	若 A2 为 100,则计算 C6:C8 单元格区域的和,否则返回空文本	" "

示例二,数据表如图 3-8 所示。

图 3-8　数据表 2

示例说明如表 3-3 所示。

表 3-3　IF 函数结果示例说明 2

序号	公式	说明	结果
1	=IF(A2>B2,"超出预算","OK")	检查第 2 行是否超出预算	超出预算
2	=IF(A3>B3,"超出预算","OK")	检查第 3 行是否超出预算	OK

示例三,数据表如图 3-9 所示。

	A
1	成绩
2	55
3	90
4	79

图 3-9　数据表 3

示例说明如表 3-4 所示。

表 3-4　IF 函数结果示例说明 3

序号	公式	说明	结果
1	=IF(A2>89,"A",IF(A2>79,"B",IF(A2>69,"C",IF(A2>59,"D","F"))))	给 A2 中的成绩指定一个等级	F
2	=IF(A3>89,"A",IF(A3>79,"B",IF(A3>69,"C",IF(A3>59,"D","F"))))	给 A3 中的成绩指定一个等级	A
3	=IF(A4>89,"A",IF(A4>79,"B",IF(A4>69,"C",IF(A4>59,"D","F"))))	给 A4 中的成绩指定一个等级	C

⑥ 函数实例

在对员工进行技能考核后,作为主管人员可以对员工的考核成绩进行星级评定,如果平均成绩>=80,则评定为四星;如果平均成绩>=70,则评定为三星;如果平均成绩>=60,

则评定为二星。用 IF 函数实现。

步骤 1:创建"员工成绩"初始表,如图 3－10 所示。

	A	B	C	D	E	F
1	员工姓名	卷面成绩	操作成绩	面试成绩	平均成绩	考核星级
2	王洋	98	76	80	85	
3	杨丽	65	76	66	69	
4	王丽丽	76	67	78	74	
5	张国光	69	97	88	85	
6	赵倩倩	87	87	98	91	
7						

图 3－10 "员工成绩"初始表

步骤 2:输入公式

选中单元格 F2,在公式编辑栏中输入公式"＝IF(E2≥80,"★★★★",IF(E2≥70,"★★★",IF(E2≥60,"★★","")))","按"Enter"键确认,即可根据员工的平均成绩给予考核星级。

步骤 3:复制公式

将光标移到 F2 单元格的右下角,光标变成十字形状后,按住鼠标左键向下拖动进行公式填充,即可判断其他员工的考核星级。

（2）SUM 函数

① 函数用途

返回某一单元格区域中所有数字之和。

② 函数语法

SUM(number1,number2,…)

③ 参数解释

number1,number2,…为要对其求和的 1～255 个参数。

④ 函数说明

• 直接输入到参数表中的数字、逻辑值及数字的文本表达式将被计算。

• 如果参数是一个数组或引用,则只计算其中的数字。数组或引用中的空白单元格、逻辑值或文本将被忽略。

• 如果参数为错误值或为不能转换为数字的文本,将会导致错误。

⑤ 函数简单示例说明如表 3－5 所示。

表 3－5　SUM 函数示例说明

序号	公式	说明	结果
1	＝SUM(36,20)	将 36 和 20 相加	56
2	＝SUM("50",18,TRUE)	将 50,18 和 1 相加,因为文本值被转换为数字 50,逻辑值 TRUE 被转换成数字 1	69
3	＝SUM(A1:A20)	将 A1:A20 单元格区域中的数相加	
4	＝SUM(A2:A4,15)	将 A2:A4 单元格区域中的数之和与 15 相加	
5	＝SUM(A5,A6,2)	将 A5、A6 的值与 12 求和。	

⑥ 函数实例

公司规定业务成绩大于 100000 元的给予奖金 200 元,否则给予奖金 100 元。现统计 8 个业务员总共需要发放多少奖金。

步骤 1:创建"员工业绩"初始表,如图 3-11 所示。

	A	B	C
1	姓名	业绩	奖金
2	王洋	54764	
3	杨丽	6857598	
4	王丽丽	4546	
5	张国光	4543453	
6	赵倩倩	454352	
7	陈冬冬	1765645	
8	孙文文	44645	
9	吴江	2435654	

图 3-11 "员工业绩"初始表

步骤 2:输入公式

选中单元格 C2,在公式编辑栏中输入公式"=SUM(IF(B2:B9>100000,200,100))",按"Ctrl+Shift+Enter"组合键即可计算出需要发放多少奖金。

(3) ROUND 函数

① 函数用途

返回某个数字按指定位数取整后的数字。

② 函数语法

ROUND(number,num_digits)

• number 为需要进行四舍五入的数字。

• num_digits 为指定的位数,按此位数进行四舍五入。

③ 参数解释

• 如果 num_digits 大于 0,则四舍五入到指定的小数位。

• 如果 num_digits 等于 0,则四舍五入到最接近的整数。

• 如果 num_digits 小于 0,则在小数点左侧进行四舍五入。

④ 函数简单示例如表 3-6 所示。

表 3-6 ROUND 函数示例说明

序号	公式	说明	结果
1	=ROUND(2.15,1)	将 2.15 四舍五入到 1 个小数位	2.2
2	=ROUND(−1.475,2)	将 −1.475 四舍五入到 2 个小数位	−1.48
3	=ROUND(21.5,−1)	将 21.5 四舍五入到小数点左侧 1 位	20

⑤ 函数实例

在不同店家购买九种货品,每个店对金额计算的精度要求不同,货品单价的单位也不同,包含"元/g"和"元/kg"两种。现需要用一个公式将不同单价的货品金额进行合计,最后合计的金额保留两位小数。

步骤1:创建"金额合计"初始表,如图3-12所示。

	A	B	C	D	E
1	品名	重量（KG）	零价（元）	单位	金额合计
2	核桃	10323	5.3	KG	
3	芝麻	21243	0.1	K	
4	黑米	23423	0.7	K	
5	玉米	333	0.9	K	
6	香蕉	43421	1.2	K	
7	苹果	13452	2.8	K	
8	猕猴桃	44645	5.6	KG	
9	板栗	35654	8	KG	

图3-12 "金额合计"初始表

步骤2:输入公式

选中单元格E2,在公式编辑栏中输入公式"=SUM(ROUND(B2:B7 * C2:C7 * IF(D2: D7="K",1000,1),2))",按"Ctrl+Shift+Enter"组合键,即可计算出所有货品金额的合计。

(4) ROUNDUP 函数

① 函数用途

远离零值,向上舍入数字。

② 函数语法

ROUNDUP(number,num_digits)

number:需要向上舍入的任意实数。

num_digits:四舍五入后的数字的位数。

③ 参数解释

• 函数 ROUNDUP 和函数 ROUND 功能相似,不同之处在于函数 ROUNDUP 总是向上舍入数字。

• 如果 num_digits 大于0,则向上舍入到指定的小数位。

• 如果 num_digits 等于0,则向上舍入到最接近的整数。

• 如果 num_digits 小于0,则在小数点左侧向上进行舍入。

④ 函数简单示例说明如表3-7所示。

表3-7 ROUNDUP 函数示例说明

序号	公式	说明	结果
1	=ROUNDUP(3.2,0)	将 3.2 向上舍入,小数位为 0	4
2	=ROUNDUP(3.14159,3)	将 3.14159 向上舍入,保留三位小数	3.142
3	=ROUNDUP(-3.14159,1)	将 -3.14159 向上舍入,保留一位小数	-3.2
4	=ROUNDUP(31415.92654,-2)	将 31415.92654 向上舍入到小数点左侧两位	31500

(5) ROUNDDOWN 函数

① 函数用途

靠近零值,向下(绝对值减小的方向)舍入数字。

② 函数语法

ROUNDDOWN(number,num_digits)

- number:需要向下舍入的任意实数。
- num_digits:四舍五入后的数字的位数。

③ 参数解释

- 函数 ROUNDDOWN 和函数 ROUND 功能相似,不同之处在于函数 ROUND-DOWN 总是向下舍入数字。
- 如果 num_digits 大于 0,则向下舍入到指定的小数位。
- 如果 num_digits 等于 0,则向下舍入到最接近的整数。
- 如果 num_digits 小于 0,则在小数点左侧向下进行舍入。

④ 函数简单示例说明如表 3-8 所示。

表 3-8 ROUNDDOWN 函数示例说明

序号	公式	说明	结果
1	=ROUNDDOWN(3.2,0)	将 3.2 向下舍入,小数位为 0	3
2	=ROUNDDOWN(3.14159,3)	将 3.14159 向下舍入,保留三位小数	3.141
3	=ROUNDDOWN(−3.14159,1)	将 −3.14159 向下舍入,保留一位小数	−3.1
4	=ROUNDDOWN(31415.92654,−2)	将 31415.92654 向下舍入到小数点左侧两位	31400

三、任务实施

本案例的具体操作步骤如下:

步骤 1:创建"应付款"工作簿

启动 Excel,创建新工作簿并命名为"应付款"。将"Sheet1"工作表重命名为"应付款明细",并删除"Sheet2"和"Sheet3"工作表,按"Ctrl+S"组合键保存该工作簿,并命名为"应付款表"。在A1:D1 单元格区域的各个单元格中分别输入标题名称,并在A2:B11 单元格区域中输入应付款的金额,如图 3-13 所示。

步骤 2:编制求和公式

选中 A13 单元格,输入"合计"。选中 B13 单元格,在编辑栏中输入公式"=SUM(B2:B12)",

	A	B	C	D
1	供货单位	应付金额	方案1	方案2
2	单位1	3453.3		
3	单位2	45.89		
4	单位3	3454.23		
5	单位4	5354.12		
6	单位5	4353.65		
7	单位6	65756.8		
8	单位7	785768.5		
9	单位8	53425.74		
10	单位9	45767.2		
11	单位10	1341.45		
12				
13				
14				
15				
16				
17				
18				

应付款明细

图 3-13 "应付款"初始表

按"Enter"键确认,如图 3-14 所示。

	A	B	C	D	E	F
B13			fx	=SUM(B2:B12)		
1	供货单位	应付金额	方案1	方案2		
2	单位1	3453.3				
3	单位2	45.89				
4	单位3	3454.23				
5	单位4	5354.12				
6	单位5	4353.65				
7	单位6	65756.8				
8	单位7	785768.5				
9	单位8	53425.74				
10	单位9	45767.2				
11	单位10	1341.45				
12						
13	合计	968720.9				
14						

（编辑栏）

图 3-14 求和

步骤 3:编制方案 1 公式

方案 1 是小于或等于 1000 元的账户一次性付清,大于 1000 元的账户首次支付应付金额的 50%。选中 C2 单元格,输入公式"=IF(B2≤1000,B2,ROUND(B2*50%,2))",按"Enter"键确认,如图 3-15 所示。

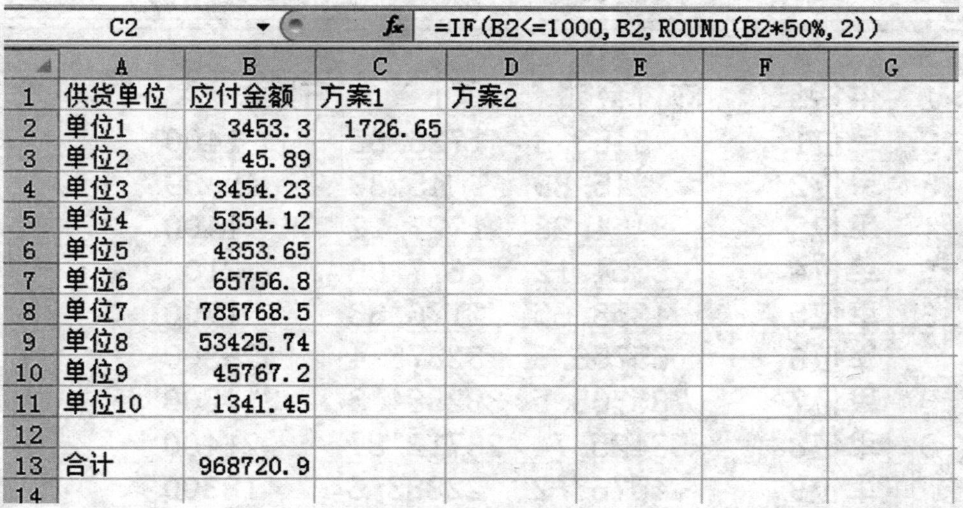

	A	B	C	D	E	F	G
C2			fx	=IF(B2<=1000,B2,ROUND(B2*50%,2))			
1	供货单位	应付金额	方案1	方案2			
2	单位1	3453.3	1726.65				
3	单位2	45.89					
4	单位3	3454.23					
5	单位4	5354.12					
6	单位5	4353.65					
7	单位6	65756.8					
8	单位7	785768.5					
9	单位8	53425.74					
10	单位9	45767.2					
11	单位10	1341.45					
12							
13	合计	968720.9					
14							

图 3-15 方案 1

步骤 4:编制方案 2 公式

方案 2 是小于或等于 3000 元的账户一次性付清,大于 3000 元的账户首次支付应付金额的 40%。选中 D2 单元格,输入公式"=IF(B2≤3000,B2,ROUND(B2*40%,-2))",按"Enter"键确认,如图 3-16 所示。

D2		f_x	=IF(B2<=3000,B2,ROUND(B2*40%,-2))			
	A	B	C	D	E	F	G
1	供货单位	应付金额	方案1	方案2			
2	单位1	3453.3	1726.65	1400			
3	单位2	45.89					
4	单位3	3454.23					
5	单位4	5354.12					
6	单位5	4353.65					
7	单位6	65756.8					
8	单位7	785768.5					
9	单位8	53425.74					
10	单位9	45767.2					
11	单位10	1341.45					
12							
13	合计	968720.9					

图 3-16　方案 2

步骤 5:复制公式

选中 C2:D2 单元格区域,拖曳右下角的填充柄至 D11。选中 B13 单元格区域,拖曳右下角的填充柄至 D13 单元格,如图 3-17 所示。

B13		f_x	=SUM(B2:B12)	
	A	B	C	D	E
1	供货单位	应付金额	方案1	方案2	
2	单位1	3453.3	1726.65	1400	
3	单位2	45.89	45.89	45.89	
4	单位3	3454.23	1727.12	1400	
5	单位4	5354.12	2677.06	2100	
6	单位5	4353.65	2176.83	1700	
7	单位6	65756.8	32878.4	26300	
8	单位7	785768.5	392884.3	314300	
9	单位8	53425.74	26712.87	21400	
10	单位9	45767.2	22883.6	18300	
11	单位10	1341.45	670.73	1341.45	
12					
13	合计	968720.9	484383.4	388287.3	

图 3-17　复制公式

任务三：到期示意表

一、情景导入

某单位每月需办理承兑汇票若干,承兑汇票到期后需要用现金偿还。为了便于计算到期偿还金额,需要创建一张实用的表格,此表格不但能够按照给定的日期界限标识未来100天内到期的记录,显示剩余天数,而且还可以计算出有标识记录的总金额。通过制作这个表格,能方便财务负责人随时掌握有哪些即将到期的承兑汇票,需要筹集多少资金。

二、相关知识

1. 函数基础:逻辑运算

逻辑判断是一个有具体意义并能判定真或假的陈述语句,是函数公式的基础,不仅关系到公式的正确与否,也关系到解题思路的简繁。只有逻辑条理清晰,才能写出简洁有效的公式。常用的逻辑关系有三种,"与""或""非"。

在 Excel 中,逻辑值只有两个,分别是 TRUE 和 FALSE,它们代表"真"或"假",用数字表示为1(或非零数字)和0。

Excel 中用于逻辑运算的函数主要有 AND 函数、OR 函数和 NOT 函数。

AND 函数是逻辑值之间的"与"运算。

两个逻辑值进行"与"运算时

TRUE * TRUE＝1 * 1＝1

TRUE * FALSE＝1 * 0＝0

即真真得真,真假得假。

2. 关键函数讲解

(1) AND 函数

① 函数用途

当所有参数的计算结果均为"真"(TRUE)时,返回的运算结果为"真"(TRUE);只要有一个参数的计算结果为"假"(FALSE)时,即返回"假"(FALSE)。所以,一般用于检验一组数据是否都满足条件。

② 函数语法

AND(logical1,[logical2],…)

③ 参数解释

Logical1 必需,logical2,…可选,表示测试条件值或表达式,它们可以为 TRUE 或 FALSE。

④ 函数说明

• 参数的计算结果必须是逻辑值(如 TRUE 或 FALSE),而参数必须是包含逻辑值的数组(数组是用于建立可生成多个结果或可对在行和列中排列的一组参数进行运算的单个公式。数组区域共用一个公式。数组常量是用作参数的一组常量)。

- 如果数组或引用参数中包含文本或空白单元格,则这些值将被忽略。
- 如果指定的单元格区域未包含逻辑值,则 AND 函数将返回错误值 ♯VALUE!。

⑤ 函数简单示例

示例一,示例说明如表 3-9 所示。

表 3-9　AND 函数示例说明 1

序号	公式	说明	结果
1	=AND(TRUE,TRUE)	所有参数均为 TRUE	TRUE
2	=AND(TRUE,FALSE)	有一个参数为 FALSE	FALSE
3	=AND(2+2=4,2+3=5)	所有参数的计算结果均为 TRUE	TRUE

示例二,数据表如图 3-18 所示。

	A
1	39
2	120

图 3-18　数据表

示例二,示例说明如表 3-10 所示。

表 3-10　AND 函数示例说明 2

序号	公式	说明	结果
1	=AND(1<A1,A1<100)	如果单元格 A1 中的数字介于 1~100,则显示 TRUE,否则,显示 FALSE	TRUE
2	=IF(AND(1<A2,A2<100),A2,"数值超出范围")	如果单元格 A2 中的数字介于 1~100,则显示该数字,否则,显示消息"数值超出范围"	数值超出范围
3	=IF(AND(1<A1,A1<100),A1,"数值超出范围")	如果单元格 A1 中的数字介于 1~100,则显示该数字,否则,显示消息"数值超出范围"	39

(2) SUMIF 函数

① 函数用途

对区域中符合指定条件的值求和。

② 函数语法

SUMIF(range,criteria,[sum_range])

③ 参数解释

- range 必需。用于条件计算的单元格区域。每个区域中的单元格都必须是数字或名称、数组或包含数字的引用。空值和文本值将被忽略。

- criteria 必需。用于确定对哪些单元格求和的条件,其形式可以为数字、表达式、单元格引用、文本或函数。例如,条件可以表示为 32、">32"、B5、32、"32""苹果"或 TODAY()。

要点:任何文本条件或任何含有逻辑或数学符号的条件都必须使用双引号括起来。如果条件为数字,则无需使用双引号。

　　• sum_range 可选。要求和的实际单元格(要对未在 range 参数中指定的单元格求和)。如果 sum_range 参数被省略,Excel 会对在 range 参数中指定的单元格(即应用条件的单元格)求和。

　　④ 函数说明

　　• sum_range 参数与 range 参数的大小和形状可以不同。求和的实际单元格通过以下方法确定:使用 sum_range 参数中左上角的单元格作为起始单元格,然后包括与 range 参数大小和形状相对应的单元格。

　　• 可以在 criteria 参数中使用通配符(问号(?)和星号(＊))。问号匹配任意单个字符;星号匹配任意一串字符。如果要查找实际的问号或星号,应在该字符前键入波形符(～)。

　　⑤ 函数简单示例

　　数据表如图 3-19 所示。

	A	B	C
1	交易量	佣金	
2	10000	7000	36000
3	20000	14000	
4	30000	21000	
5	40000	28000	

图 3-19　数据表

示例说明如表 3-11 所示。

表 3-11　SUMIF 函数示例说明

序号	公式	说明	结果
1	=SUMIF(A2:A5,">15000",B2:B5)	交易量高于 15000 的佣金之和	63000
2	=SUMIF(A2:A5,">15000")	高于 15000 的交易量之和	90000
3	=SUMIF(A2:A5,30000,B2:B5)	交易量等于 300000 的佣金之和	21000
4	=SUMIF(A2:A5,">" & C2,B2:B5)	交易量高于单元格 C2 中值的佣金之和	28000

三、任务实施

　　本案例中,首先需要编制到期提示和到期金额公式,实现自动标识到期汇票记录,并对已经标识出来的汇票记录金额进行汇总。具体操作步骤如下:

　　步骤 1:创建"到期示意"工作簿

　　启动 Excel,自动新建一个工作簿,保存工作簿并命名为"到期示意"。将"Sheet1"工作表重命名为"到期示意表",删除多余的工作表。在 A1:F1 单元格区域和 H1 单元格中分别输入表格各字段的标题,如图 3-20 所示。

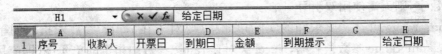

	A	B	C	D	E	F	G	H
1	序号	收款人	开票日	到期日	金额	到期提示		给定日期

图 3‐20 "到期示意"工作表

步骤 2：录入数据

在 A2、A3 单元格中分别输入"1"和"2"，选中 A2:A3 单元格区域，拖曳右下角的填充柄至 A20 单元格。使用拖曳填充柄的方式，在 B2:B4 单元格区域中输入"公司甲"，B5:B15 单元格区域中输入"公司乙"，在 B16:B20 单元格区域中输入"公司丙"。依次在 C2:E20 单元格区域中输入每一条到期汇票的记录，并在 H2 单元格中输入一个给定的日期值作为到期示意的判断标准，如"2017/6/20"，如图 3‐21 所示。

	A	B	C	D	E	F	G	H
1	序号	收款人	开票日	到期日	金额	到期提示		给定日期
2	1	公司甲	2016/3/6	2017/7/1	600000			2017/6/20
3	2	公司甲	2016/3/6	2017/10/1	200000			
4	3	公司甲	2016/3/6	2017/12/1	500000			
5	4	公司乙	2016/8/26	2017/12/1	60000			
6	5	公司乙	2016/8/26	2017/12/1	40000			
7	6	公司乙	2016/8/26	2017/8/1	30000			
8	7	公司乙	2016/8/26	2017/12/1	100000			
9	8	公司乙	2015/6/1	2016/12/30	60000			
10	9	公司乙	2015/6/1	2016/12/30	300000			
11	10	公司乙	2015/6/1	2016/12/30	200000			
12	11	公司乙	2015/6/1	2016/12/30	8000			
13	12	公司乙	2015/6/1	2017/6/10	90000			
14	13	公司乙	2015/6/1	2017/9/10	100000			
15	14	公司乙	2016/5/2	2017/6/10	500000			
16	15	公司丙	2016/5/2	2017/6/10	300000			
17	16	公司丙	2016/5/2	2017/6/10	700000			
18	17	公司丙	2017/1/1	2017/12/30	600000			
19	18	公司丙	2017/1/1	2017/12/30	100000			
20	19	公司丙	2017/1/1	2017/12/30	30000			

图 3‐21 "到期示意"数据源

步骤 3：编制"到期示意"公式

选中 F2 单元格，输入公式"＝IF(AND(D2－＄H＄2<＝100,D2－＄H＄2＞0),D2－＄H＄2,0)"，按"Enter"键确认。公式中使用 AND 函数来同时判断两个表达式：① D2 单元格中的日期值与给定日期值的差是否小于等于100，即汇票日期是否距离给定日期在100天以内。② D2 单元格中的日期值与给定日期值的差是否大于0，即汇票日期是否小于给定日期。如果两个表达式的结果都为 TURE，才能判定汇票将在未来的100天内到期，否则就不成立。由 AND 函数返回的值作为 IF 函数的条件判断依据，如果判断成立就返回汇票即将到期的剩余天数，否则返回零值。

步骤 4：复制公式

选中 F2 单元格，拖曳右下角的填充柄至 F20 单元格。以给定日期为标准，未来100天内到期的汇票记录都已经显示出剩余天数。不满足条件的汇票记录，如果已经过期的显示为"0"，如图 3‐22 所示。

	F2		▼	f_x	=IF(AND(D2-$H$2<=100,D2-$H$2>0),D2-$H$2,0)		
	A	B	C	D	E	F	G	H
1	序号	收款人	开票日	到期日	金额	到期提示		给定日期
2	1	公司甲	2016/3/6	2017/7/1	600000	11		2017/6/20
3	2	公司甲	2016/3/6	2017/10/1	200000	0		
4	3	公司甲	2016/3/6	2017/12/1	500000	0		
5	4	公司乙	2016/8/26	2017/12/1	60000	0		
6	5	公司乙	2016/8/26	2017/12/1	40000	0		
7	6	公司乙	2016/8/26	2017/8/1	30000	42		
8	7	公司乙	2016/8/26	2017/12/1	100000	0		
9	8	公司乙	2015/6/1	2016/12/30	60000	0		
10	9	公司乙	2015/6/1	2016/12/30	300000	0		
11	10	公司乙	2015/6/1	2016/12/30	200000	0		
12	11	公司乙	2015/6/1	2016/12/30	8000	0		
13	12	公司乙	2015/6/1	2017/6/10	90000	0		
14	13	公司乙	2015/6/1	2017/9/10	100000	82		
15	14	公司乙	2016/5/2	2017/12/1	500000	0		
16	15	公司丙	2016/5/2	2017/12/1	300000	0		
17	16	公司丙	2016/5/2	2017/6/10	700000	0		
18	17	公司丙	2017/1/1	2017/12/30	600000	0		
19	18	公司丙	2017/1/1	2017/12/30	100000	0		
20	19	公司丙	2017/1/1	2017/12/30	30000	0		

图 3 - 22 复制"到期提示"公式

步骤 5：计算"将到期金额"

选中 H5 单元格，输入"将到期金额"。再选中 H6 单元格，单击【公式】|【函数库】|【数学和三角函数】命令，在打开的下拉菜单中拖动右侧的滚动条，选中"SUMIF"函数，在弹出的"函数参数"对话框中将鼠标指针定位到"Range"文本框中，并在工作表中选择 F2：F20 单元格区域，这是条件判断区域。然后，在"Criteria"文本框中输入"＞0"，作为条件。接着，将鼠标指针定位到"Sum_range"文本框中，然后在工作表中选择 E2：E20 单元格区域，这是求和区域。最后，单击"确定"按钮，如图 3 - 23 所示。

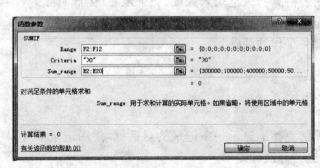

图 3 - 23 SUMIF 函数参数设置

此时，单元格 H6 中自动输入公式"＝SUMIF(F2：F20,"＞0",E2：E20)"。

符合条件的汇票金额计算完成，如图 3 - 24 所示。其中 SUMIF 函数从 F2：F20 单元格区域中查找大于零记录，并对 E 列中同一行的相应单元格的数值进行汇总。F 列是计算得到的到期剩余天数，E 列是各汇票的金额，通过这样的条件求和，即可得到 100 天内即将到期的汇票汇总金额。

	A	B	C	D	E	F	G	H
	序号	收款人	开票日	到期日	金额	到期提示		给定日期
1								
2	1	公司甲	2016/3/6	2017/7/1	600000	11		2017/6/20
3	2	公司甲	2016/3/6	2017/10/1	200000	0		
4	3	公司甲	2016/3/6	2017/10/1	500000	0		
5	4	公司乙	2016/8/26	2017/12/1	60000	0		将到期金额
6	5	公司乙	2016/8/26	2017/12/1	40000	0		730000
7	6	公司乙	2016/8/26	2017/8/1	30000	42		
8	7	公司乙	2016/8/26	2017/12/1	100000	0		
9	8	公司乙	2015/6/1	2016/12/30	60000	0		
10	9	公司乙	2015/6/1	2016/12/30	300000	0		
11	10	公司乙	2015/6/1	2016/12/30	200000	0		
12	11	公司乙	2015/6/1	2016/12/30	8000	0		
13	12	公司乙	2015/6/1	2017/6/10	90000	0		
14	13	公司乙	2015/6/1	2017/9/10	100000	82		
15	14	公司乙	2016/5/2	2017/6/10	500000	0		
16	15	公司丙	2016/5/2	2017/6/10	300000	0		
17	16	公司丙	2016/5/2	2017/6/10	700000	0		
18	17	公司丙	2017/1/1	2017/12/30	600000	0		
19	18	公司丙	2017/1/1	2017/12/30	100000	0		
20	19	公司丙	2017/1/1	2017/12/30	30000	0		

H6 的公式为 =SUMIF(F2:F20,">0",E2:E20)

图 3－24　汇票金额计算

任务四：凭证、凭证汇总及总账

一、情景导入

随着对 Excel 功能的不断了解和深入应用,凭证汇总表的作用会越来越大、覆盖的范围会越来越广。创建的表格起初只是录入凭证、凭证汇总、生成总账等,接着逐渐增加资产负债表、损益表、现金流量表,最终这套凭证汇总表会形成一个完善的核算系统。凭证汇总表的制作构成了整个财务工作的基础。

二、相关知识

1. 记录单

记录单是一个能够完整地显示一条记录的对话框,使用记录单可以向数据列表中添加记录,也可以对记录进行修改和编辑。

2. 跨表引用公式中表格名称的录入

公式中如果有跨表引用时,在公式中需要输入工作表名称,此时如果直接输入工作表名称,Excel 会默认输入的是错误信息,公式将不能运行。

此时输入工作表名称时,只要单击工作表标签,子公式中就会自动添加。

3. 关键函数讲解

(1) COUNTIF 函数

① 函数用途

对区域中满足单个指定条件的单元格进行计数。

② 函数语法

COUNTIF(range, criteria)

③ 参数解释

range：必需。要对其进行计数的一个或多个单元格，其中包括数字或名称、数组，也包含数字的引用。空值和文本值将被忽略。

criteria：必需。用于定义将对哪些单元格进行计数的条件，其形式可以为数字、表达式、单元格引用或文本字符串。例如，条件可以表示为 32、">32"、B4、"苹果" 或 "32"。

④ 函数说明

· 在条件中可以使用通配符，即问号(?)和星号(＊)。问号匹配任意单个字符，星号匹配任意一系列字符。若要查找实际的问号或星号，应在该字符前键入波形符(～)。

· 条件不区分大小写，例如，字符串 "apples" 和字符串 "APPLES" 将匹配相同的单元格。

⑤ 函数简单示例

数据表如图 3－25 所示。

	A	B
1	**数据**	**数据**
2	苹果	32
3	橙子	54
4	桃子	75
5	苹果	86

图 3－25　数据表

示例说明如表 3－12 所示。

表 3－12　COUNTIF 函数示例说明

序号	公式	说明	结果
1	＝COUNTIF(A2：A5,"苹果")	单元格区域 A2 到 A5 中包含"苹果"的单元格的个数	2
2	＝COUNTIF(A2：A5,A4)	单元格区域 A2 到 A5 中包含"桃子"的单元格的个数	1
3	＝COUNTIF(A2：A5,A3)＋COUNTIF(A2：A5,A2)	单元格区域 A2 到 A5 中包含"橙子"和"苹果"的单元格的个数	3
4	＝COUNTIF(B2：B5,">55")	单元格区域 B2 到 B5 中值大于 55 的单元格的个数	2
5	＝COUNTIF(B2：B5,"<>"&B4)	单元格区域 B2 到 B5 中值不等于 75 的单元格的个数	3
6	＝COUNTIF(B2：B5,">＝32")－COUNTIF(B2：B5,">85")	单元格区域 B2 到 B5 中值大于或等于 32 且小于或等于 85 的单元格的个数	3

⑥ 函数实例

使用公式判断第二次及以后出现的邮件地址是否与第一次输入的邮件地址重复。

步骤 1：创建"邮件地址"初始表，如图 3 - 26 所示。

	A	B	C
1	序号	邮件地址	是否重复
2	1	xydxyd@163.com	
3	2	zhongsl77@sina.com	
4	3	huang56@163.com	
5	4	sunny@163.com	
6	5	sundd@qq.com	
7	6	zhouzr@163.com	
8	7	zheng12@qq.com	
9	8	sunny@163.com	
10	9	xueyd@qq.com	
11	10	xydxyd@163.com	

图 3 - 26　"邮件地址"初始表

步骤 2：输入公式

选中单元格 C2，在公式编辑栏中输入公式"＝IF(COUNTIF(B＄2：B2,B2)＞1,"重复","")"，按"Enter"键即可判断 B2 中数据是否存在重复现象，如果出现次数超过 1 次则标志为"重复"。

步骤 3：复制公式

将光标移到单元格 C2 的右下角，光标变成十字形状后，按住鼠标左键向下拖动进行公式填充，即可判断其他数据是否存在重复现象。

(2) COUNTA 函数

① 函数用途

计算区域中不为空的单元格的个数。

② 函数语法

COUNTA(value1,[value2],…)

③ 参数解释

value1：必需。表示要计数的值的第一个参数。

value2,…：可选。表示要计数的值的其他参数，最多可包含 255 个参数。

④ 函数说明

• COUNTA 函数可对包含任何类型信息的单元格进行计数，包括错误值和空文本("")。例如，如果区域包含一个返回空字符串的公式，则 COUNTA 函数会将该值计算在内。但 COUNTA 函数不会对空单元格进行计数。

• 如果不需要对逻辑值、文本或错误值进行计数(换句话说，只希望对包含数字的单元格进行计数)，应使用 COUNT 函数。

• 如果只希望对符合某一条件的单元格进行计数,应使用 COUNTIF 函数或 COUN-TIFS 函数。

⑤函数简单示例

数据表如图 3-27 所示。

	A
1	**数据**
2	**销售**
3	2008/12/8
4	
5	19
6	22.6
7	TRUE

图 3-27 数据表

示例说明如表 3-13 所示。

表 3-13 COUNTA 函数示例说明

序号	公式	说明	结果
1	=COUNTA(A2:A7)	计算单元格区域 A2 到 A7 中非空单元格的个数	5

（3）COUNT 函数

① 函数用途

COUNT 函数计算包含数字的单元格以及参数列表中数字的个数。使用函数 COUNT 可以获取区域或数字数组中数字字段的输入项的个数。

② 函数语法

COUNT(value1,[value2],…)

③ 参数解释

• value1:必需。要计算其中数字的个数的第一个项、单元格引用或区域。

• value2,…:可选。要计算其中数字的个数的其他项、单元格引用或区域,最多可包含 255 个。

参数可以包含或引用各种类型的数据,但只有数字类型的数据才被计算。

④ 函数说明

• 如果参数为数字、日期或者代表数字的文本(例如,用引号引起的数字,如 "1"),则将被计算在内。

• 逻辑值和直接键入到参数列表中代表数字的文本被计算在内。

• 如果参数为错误值或不能转换为数字的文本,则不会被计算在内。

• 如果参数为数组或引用,则只计算数组或引用中数字的个数。不会计算数组或引用中的空单元格、逻辑值、文本或错误值。

• 若要计算逻辑值、文本值或错误值的个数,应使用 COUNTA 函数。

• 若要只计算符合某一条件的数字的个数,应使用 COUNTIF 函数或 COUNTIFS

函数。

⑤ 函数简单示例

数据表如图 3-28 所示。

	A
1	**数据**
2	销售
3	2008/12/8
4	
5	19
6	22.6
7	TRUE
8	#DIV/0!

图 3-28　数据表

示例说明如表 3-14 所示。

表 3-14　COUNT 函数示例说明

序号	公式	说明	结果
1	=COUNT(A2:A8)	计算单元格区域 A2 到 A8 中包含数字的单元格的个数	3
2	=COUNT(A5:A8)	计算单元格区域 A5 到 A8 中包含数字的单元格的个数	2
3	=COUNT(A2:A8,2)	计算单元格区域 A2 到 A8 中包含数字和值 2 的单元格的个数	4

（4）VLOOKUP 函数

① 函数用途

在表格数组的首列查找指定的值，并由此返回表格数组当前行中其他列的值。

② 函数语法

VLOOKUP(lookup_value,table_array,col_index_num,range_lookup)

③ 参数解释

• lookup_value：为需要在表格数组第一列中查找的数值。lookup_value 可以为数值或引用。若 lookup_value 小于 table_array 第一列中的最小值，VLOOKUP 返回错误值 #N/A。

• table_array：为两列或多列数据。用于对区域或区域名称的引用。table_array 第一列中的值是由 lookup_value 搜索的值。这些值可以是文本、数字或逻辑值。文本不区分大小写。

• col_index_num：为 table_array 中待返回的匹配值的列序号。col_index_num 为 1 时，返回 table_array 第一列中的数值；col_index_num 为 2 时，返回 table_array 第二列中的数值，依此类推。

• range_lookup：为逻辑值，指定希望 VLOOKUP 查找精确匹配值还是近似匹配值。

④ 函数说明

• 在 table_array 第一列中搜索文本值时，请确保 table_array 第一列中的数据没有前导空格、尾部空格、直引号('或")与弯引号('或"),以及不一致或非打印字符。否则,VLOOKUP 可能返回不正确或意外的值。有关详细信息请参阅 CLEAN 和 TRIM。

• 在搜索数字或日期值时,请确保 table_array 第一列中的数据未存储为文本值。否则,VLOOKUP 可能返回不正确或意外的值。有关详细信息请参阅将保存为文本的数字转换为数字值。

• 如果 range_lookup 为 FALSE 且 lookup_value 为文本,则可以在 lookup_value 中使用通配符(问号(?)和星号(*))。问号匹配任意单个字符;星号匹配任意字符序列。如果要查找实际的问号或星号,请在该字符前键入波形符(~)。

⑤ 函数简单示例

数据表如图 3-29 所示。

	A	B	C
1	密度	粘度	温度
2	0.457	3.55	500
3	0.525	3.25	400
4	0.616	2.93	300
5	0.675	2.75	250
6	0.746	2.57	200
7	0.835	2.38	150
8	0.946	2.17	100
9	1.09	1.95	50
10	1.29	1.71	0

图 3-29 数据表

示例说明如表 3-15 所示。

表 3-15 VLOOKUP 函数示例说明

序号	公式	说明	结果
1	=VLOOKUP(1,A2:C10,2)	使用近似匹配搜索 A 列中的值 1,在 A 列中找到小于等于 1 的最大值 0.946,然后返回同一行中 B 列的值	2.17
2	=VLOOKUP(1,A2:C10,3,TRUE)	使用近似匹配搜索 A 列中的值 1,在 A 列中找到小于等于 1 的最大值 0.946,然后返回同一行中 C 列的值	100
3	=VLOOKUP(.7,A2:C10,3,FALSE)	使用精确匹配在 A 列中搜索值 0.7。因为 A 列中没有精确匹配的值,所以返回一个错误值	#N/A
4	=VLOOKUP(0.1,A2:C10,2,TRUE)	使用近似匹配在 A 列中搜索值 0.1。因为 0.1 小于 A 列中最小的值,所以返回一个错误值	#N/A
5	=VLOOKUP(2,A2:C10,2,TRUE)	使用近似匹配搜索 A 列中的值 2,在 A 列中找到小于等于 2 的最大值 1.29,然后返回同一行中 B 列的值	1.71

（5）SUBTOTAL 函数

① 函数用途

返回列表或数据库中的分类汇总。通常，使用"数据"选项卡的"大纲"组中的"分类汇总"命令更便于创建带有分类汇总的列表。一旦创建了分类汇总，就可以通过编辑 SUBTO-TAL 函数对该列表进行修改。

② 函数语法

SUBTOTAL(function_num,ref1,ref2,…)

③ 参数解释

• function_num：为 1～11（包含隐藏值）或 101～111（忽略隐藏值）的数字，指定使用何种函数在列表中进行分类汇总计算。

• ref1、ref2：为要进行分类汇总计算的 1～254 个区域或引用。

④ 函数说明

• 如果在 ref1,ref2,…中有其他的分类汇总（嵌套分类汇总），将忽略这些嵌套分类汇总，以避免重复计算。

• 当 function_num 为从 1～11 的常数时，SUBTOTAL 函数将包括通过"隐藏行"命令所隐藏的行中的值，该命令位于【开始】|【单元格】|【格式】|【隐藏和取消隐藏】。当对列表中的隐藏和非隐藏数字进行分类汇总时，需要使用这些常数。当 function_num 为从 101～111 的常数时，SUBTOTAL 函数将忽略通过"隐藏行"命令所隐藏的行中的值。当只需对列表中的非隐藏数字进行分类汇总时，需要使用这些常数。

• SUBTOTAL 函数忽略任何不包括在筛选结果中的行。

• SUBTOTAL 函数适用于数据列或垂直区域，不适用于数据行或水平区域。

• 如果所指定的某一引用为三维引用，函数 SUBTOTAL 将返回错误值♯VALUE！。

⑤ 函数简单示例

数据表如图 3-30 所示。

	A
1	**数据**
2	120
3	10
4	150
5	23

图 3-30　数据表

示例说明如表 3-16 所示。

表 3-16　SUBTOTAL 函数示例说明

序号	公式	说明	结果
1	=SUBTOTAL(9,A2:A5)	对上面列使用 SUM 函数计算出的分类汇总	303
2	=SUBTOTAL(1,A2:A5)	使用 AVERAGE 函数对上面列计算出的分类汇总	75.75

（6）HLOOKUP 函数

① 函数用途

在表格或数值数组的首行查找指定的数值,并在表格或数组中指定行的同一列中返回一个数值。当比较值位于数据表的首行,并且要查找下面给定行中的数据时,使用函数HLOOKUP。当比较值位于要查找的数据的左边一列时,使用函数 VLOOKUP。

② 函数语法

HLOOKUP(lookup_value,table_array,row_index_num,range_lookup)

③ 参数解释

• lookup_value:为需要在数据表第一行中进行查找的数值。

• table_array:为需要在其中查找数据的数据表。

• row_index_num:为 table_array 中待返回的匹配值的行序号。

• range_lookup:为一逻辑值,指明函数 HLOOKUP 查找时是精确匹配还是近似匹配。如果为 TRUE 或省略,则返回近似匹配值。也就是说,如果找不到精确匹配值,则返回小于 lookup_value 的最大数值。如果 lookup_value 为 FALSE,函数 HLOOKUP 将查找精确匹配值,如果找不到,则返回错误值♯N/A。

④ 函数说明

• 如果函数 HLOOKUP 找不到 lookup_value,且 range_lookup 为 TRUE,则使用小于 lookup_value 的最大值。

• 如果函数 HLOOKUP 小于 table_array 第一行中的最小数值,函数 HLOOKUP 返回错误值♯N/A。

• 如果 range_lookup 为 FALSE 且 lookup_value 为文本,则可以在 lookup_value 中使用通配符(问号(?)和星号(＊))。问号匹配任意单个字符;星号匹配任意字符序列。如果要查找实际的问号或星号,请在该字符前键入波形符(～)。

⑤ 函数简单示例

数据表如图 3-31 所示。

	A	B	C
1	Axles	Bearings	Bolts
2	4	4	4
3	5	7	10
4	6	8	11

图 3-31 数据表

示例说明如表 3-17 所示。

表 3 - 17 **HLOOKUP** 函数示例说明

序号	公式	说明	结果
1	= HLOOKUP("Axles",A1:C4,2,TRUE)	在首行查找 Axles,并返回同列中第 2 行的值	4
2	= HLOOKUP("Bearings",A1:C4,3,FALSE)	在首行查找 Bearings,并返回同列中第 3 行的值	7
3	= HLOOKUP("B",A1:C4,3,TRUE)	在首行查找 B,并返回同列中第 3 行的值。由于 B 不是精确匹配,因此将使用小于 B 的最大值 Axles	5
4	= HLOOKUP("Bolts",A1:C4,4)	在首行查找 Bolts,并返回同列中第 4 行的值	11
5	= HLOOKUP(3,{1,2,3;"a","b","c";"d","e","f"},2,TRUE)	在数组常量的第一行中查找 3,并返回同列中第 2 行的值	c

（7）MAX 函数

① 函数用途

返回一组值中的最大值。

② 函数语法

MAX(number1,number2,…)

③ 参数解释

number1,number2,…:要从中找出最大值的 1~255 个数字参数。

④ 函数说明

· 参数可以是数字或者是包含数字的名称、数组或引用。

· 逻辑值和直接键入到参数列表中代表数字的文本被计算在内。

· 如果参数为数组或引用,则只使用该数组或引用中的数字。数组或引用中的空白单元格、逻辑值或文本将被忽略。

· 如果参数不包含数字,函数 MAX 返回 0(零)。

· 如果参数为错误值或为不能转换为数字的文本,将会导致错误。

· 如果要使计算包括引用中的逻辑值和代表数字的文本,请使用 MAXA 函数。

⑤ 函数简单示例

数据表如图 3 - 32 所示。

	A
1	数据
2	10
3	7
4	9
5	27
6	2

图 3 - 32 **数据表**

示例说明如表 3-18 所示。

表 3-18　MAX 函数示例说明

序号	公式	说明	结果
1	＝MAX(A2:A6)	上面一组数字中的最大值	27
2	＝MAX(A2:A6,30)	上面一组数字和 30 中的最大值	30

三、任务实施

凭证是记录会计信息的重要载体,是生成对外报表的数据基础。汇总凭证是财务工作中的一个重要环节,是生成一切财务报表的源头。在本案例中,将使用 Excel 创建一个凭证汇总表。

步骤 1:创建"凭证汇总"工作簿

启动 Excel,自动新建一个工作簿,保存命名为"凭证汇总",将"Sheet1"工作表重命名为"科目代码"。分别选中 A1:C1 单元格区域,输入表格各个字段的标题名称,如图 3-33 所示。

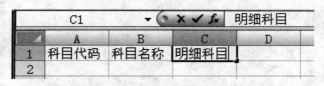

图 3-33　"科目代码"初始表

步骤 2:设置数据的有效性

选中 A2 单元格,单击【数据】|【数据工具】|【数据有效性】命令,弹出"数据有效性"对话框。单击"设置"选项卡,在"允许"下拉列表中选择"自定义"选项,在"公式"文本框中输入"＝COUNTIF(A:A,A2)=1"。单击"确定"按钮,如图 3-34 所示。

公式"＝COUNTIF(A:A,A2)=1"表示在 A 列中查找和 A2 单元格中数字相同的单元格,要求其个数为 1,即要求在 A 列中没有与 A2 单元格中的数字相同的单元格。

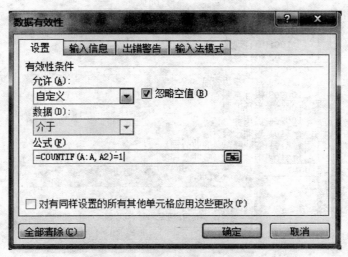

图 3-34　"数据有效性"对话框

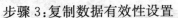

步骤3：复制数据有效性设置

选中 A2 单元格，按"Ctrl＋C"组合键复制，再选中 A3：A50 单元格区域，单击【开始】|【剪贴板】|【粘贴】，在下拉菜单中选择"选择性粘贴"命令。在弹出的"选择性粘贴"对话框中，选中"有效性验证"单选钮，单击"确定"按钮，如图 3‑35 所示。此时，A3：A50 单元格区域复制了数据有效性。

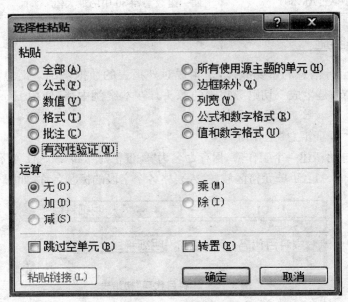

图 3‑35　"选择性粘贴"对话框

步骤4：利用数据有效性限制重复值的输入

在录入科目代码数据时，假设在表中重复输入了科目代码，如在 A12 单元格重复输入了"1001"，将弹出"Microsoft Office Excel"报错提示框，显示"输入值非法"，需要重新输入，如图 3‑36 所示。

图 3‑36　数据有效性限制重复输入

步骤5：创建凭证明细表

在工作簿"凭证汇总"中，将工作表"Sheet2"重命名为"凭证明细"，分别在 A1:G1 单元格区域中输入表格各个字段的标题名称。

步骤6：定义科目代码名称

单击"科目代码"工作表标签，选中 A2:A50 单元格区域。单击【公式】|【定义的名称】|【定义名称】命令，弹出"新建名称"对话框。在"名称"对话框中，将"科目代码"修改为"data"，单击"确定"按钮，如图 3-37 所示。

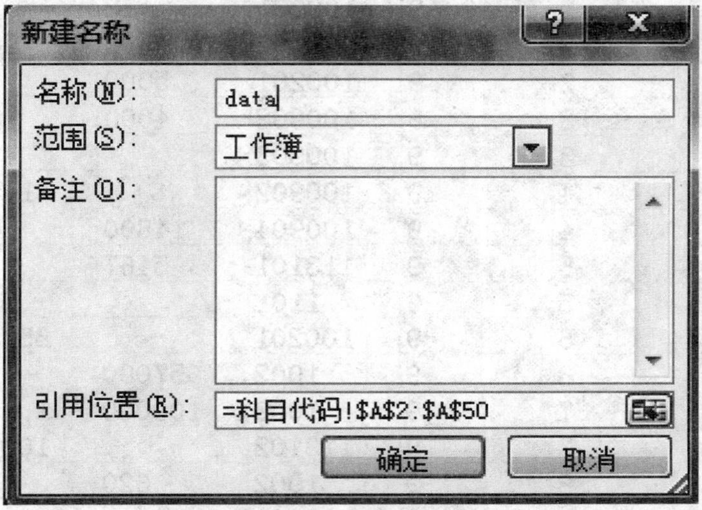

图 3-37　"新建名称"对话框

步骤7：设置数据有效性

切换到"凭证明细"工作表，选中 C2:C50 单元格区域，单击【数据】|【数据工具】|【数据有效性】命令，弹出"数据有效性"对话框。单击"设置"选项卡，在"允许"下拉列表中选择"序列"选项，在"来源"文本框中输入"＝data"。单击"确定"按钮，如图 3-38 所示。

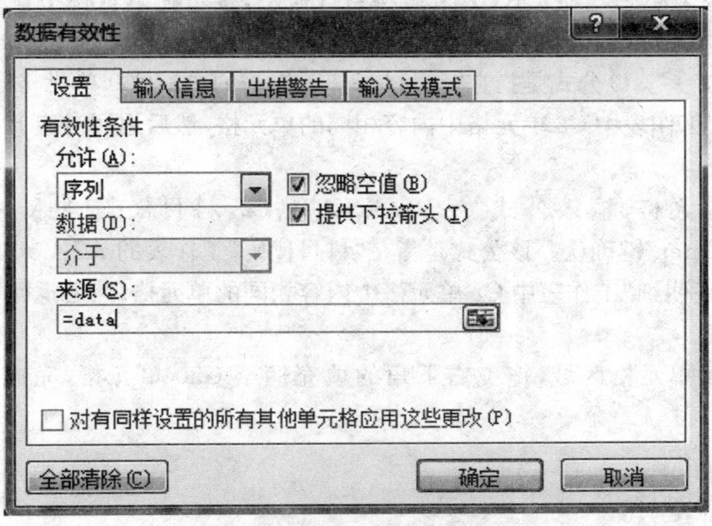

图 3-38　"数据有效性"对话框

在"凭证明细"表中单击 C2 单元格,在单元格的右侧会出现一个下拉按钮,单击该下拉按钮会弹出一个下拉列表,列表中的内容是"科目代码"工作表中的科目代码,可以从中选择,完成表格数据的录入,如图 3-39 所示。

	A	B	C	D	E
1	序号	所属月份	科目代码	借方金额	贷方金额
2	1	9	1002		12
3	1	9	100201	12	
4	2	9	1002		5000
5	2	9	100201	5000	
6	3	9	100903	4000	
7	3	9	100903		4000
8	4	9	100902		14800
9	4	9	100904	14800	
10	5	9	113101	5467	
11	5	9	1101		5467
12	6	9	100201		657000
13	6	9	1002	657000	
14	7	9	1009	100000	
15	7	9	113102		100000
16	8	9	1002	620	
17	8	9	100903		620

图 3-39　数据录入

步骤 8:输入一、二级科目代码

选中 F2 单元格,先输入"=VLOOKUP(C2,",再单击"科目代码"工作表的标签,此时编辑栏中的公式变为"=VLOOKUP(C2,科目代码!",接着在编辑栏中输入"$A$2:$C$50,2,0)",按"Enter"键确认。此时,编辑栏的公式为"=VLOOKUP(C2,科目代码!$A$2:$C$50,2,0)"。该公式是指在"科目代码"工作表的 A2:C50 单元格区域的 A 列中查找与"凭证明细"工作表中 C2 单元格中内容相同的单元格,然后返回对应 B 列中的内容到当前单元格。

选中 G2 单元格,输入公式"=VLOOKUP(C2,科目代码!$A$2:$C$50,3,FALSE)",按"Enter"键确认。该公式是指在"科目代码"工作表的 A2:C50 单元格区域的 A 列中查找与"凭证明细"工作表中 C2 单元格中内容相同的单元格,然后返回对应 C 列中的内容到当前单元格。

选中 F2:G2 单元格区域,拖曳右下角的填充柄至 G50 单元格,完成公式的复制,如图 3-40 所示。

	F2			f_x	=VLOOKUP(C2,科目代码!$A$2:$C$50,2,0)	
	A	B	C	D	E	F	G
1	序号	所属月份	科目代码	借方金额	贷方金额	一级科目	二级科目
2	1	9	1002		12	银行存款	0
3	1	9	100201	12		农行	0
4	2	9	1002		5000	银行存款	0
5	2	9	100201	5000		农行	0
6	3	9	100903	4000		银行汇票	0
7	3	9	100903		4000	银行汇票	0
8	4	9	100902		14800	银行本票	0
9	4	9	100904	14800		信用卡	0
10	5	9	113101	5467		应收账款	应收公司A
11	5	9	1101		5467	短期投资	0
12	6	9	100201		657000	农行	0
13	6	9	1002	657000		银行存款	0
14	7	9	1009	100000		其它货币资金	0
15	7	9	113102		100000	应收账款	应收公司B
16	8	9	1002	620		银行存款	0
17	8	9	100903		620	银行汇票	0

图 3 - 40 "一、二级科目代码"数据录入

步骤 9：编制"借、贷方金额"求和公式

选中 D18 单元格，在编辑栏中输入"＝SUBTOTAL(9,D2:D17)"，按"Enter"键确认。此公式指定 SUBTOTAL 函数对 D2:D17 单元格区域使用 SUM 函数计算出的分类汇总。选中 D18 单元格，拖曳右下角的填充柄至 E18 单元格。

步骤 10：编制凭证号码公式

在工作簿中插入一张新的工作表，命名为"凭证汇总"。在 A1 中输入"凭证汇总表"，B2 中输入"2012 年 9 月"，分别在 A3:C3 中输入"科目名称""借方"和"贷方"。选中 C2 单元格，按"Ctrl＋1"组合键，在弹出的"设置单元格格式"对话框中单击"数字"选项卡。在"分类"列表框中选择"自定义"选项，在右侧的"类型"文本框中输入""编号：(1＃－"00"＃)""，单击"确定"按钮。再在 C2 中输入公式"＝MAX(凭证明细！A:A)"，按"Enter"键确认。此公式指在"凭证明细"工作表的 A 列寻找数字最大的值，如图 3 - 41 所示。

	C2		f_x	=MAX(凭证明细!A:A)
	A	B	C
1	凭证汇总表		
2		2012年9月	编号：(1#-08#)
3	科目名称	借方	贷方
4	库存现金	0.00	0.00
5	银行存款	657,620.00	5,012.00
6	农行	5,012.00	657,000.00
7	其它货币资金	100,000.00	0.00
8	银行本票	0.00	14,800.00
9	银行汇票	4,000.00	4,620.00
10	信用卡	14,800.00	0.00
11	短期投资	0.00	5,467.00
12	应收账款	5,467.00	100,000.00
13	应收账款	5,467.00	100,000.00
14	固定资产	0.00	0.00
15	累计折旧	0.00	0.00
16	合计		

图 3 - 41 凭证号码

步骤 11:编制借、贷方汇总公式

在 A 列第一行输入科目名称,在最后一行输入"合计"。选中 B4 单元格,输入公式"＝SUMIF(凭证明细! ＄F:＄F,＄A4,凭证明细! D:D)",按"Enter"键确认。在 C4 单元格中输入公式"＝SUMIF(凭证明细! ＄F:＄F,＄A4,凭证明细! E:E)",按"Enter"键确认。选中 B4:C4 单元格区域,拖曳填充柄至 C15 单元格,如图 3－42 所示。

	A	B	C	D	E
	B4		fx	=SUMIF(凭证明细!$F:$F, $A4, 凭证明细!D:D)	
1	凭证汇总表				
2		2012年9月	编号: (1#-08#)		
3	科目名称	借方	贷方		
4	库存现金	0.00	0.00		
5	银行存款	657,620.00	5,012.00		
6	农行	5,012.00	657,000.00		
7	其它货币资金	100,000.00	0.00		
8	银行本票	0.00	14,800.00		
9	银行汇票	4,000.00	4,620.00		
10	信用卡	14,800.00	0.00		
11	短期投资	0.00	5,467.00		
12	应收账款	5,467.00	100,000.00		
13	应收账款	5,467.00	100,000.00		
14	固定资产	0.00	0.00		
15	累计折旧	0.00	0.00		

图 3－42 借、贷方汇总

步骤 12:编制借、贷方金额合计

选中 B16 单元格,输入公式"＝SUM(B4:B15)",按"Enter"键确认,拖曳右下角的填充柄至 C16,完成公式复制。

步骤 13:创建"总账"工作表

新建工作表"总账",在 A1、A2 和 A3:E3 输入表格标题。选中 A4 单元格,输入公式"＝凭证汇总!A4",按"Enter"键确认,并将公式复制到单元格区域 A5:A16。在 B4:B15 单元格区域中输入期初余额,如图 3－43 所示。

	A	B	C	D	E
1	总分类账				
2	2011年9月30日				
3	科目名称	期初余额	借方金额	贷方金额	期末余额
4	库存现金	4,554.55			
5	银行存款	354,566.34			
6	农行	6,456,647.32			
7	其它货币资金	0.00			
8	银行本票	265,447,675.26			
9	银行汇票	3,545,653.00			
10	信用卡	-435,345.00			
11	短期投资	546,456.00			
12	应收账款	-5,356,757.12			
13	应收账款	45,235.32			
14	固定资产	-1,445.45			
15	累计折旧	-20,000,000.00			
16	合计				

图 3－43 "总账"初始表

步骤14:编制本期借、贷方公式和期末余额公式

在C4单元格中输入公式"＝凭证汇总！B4",编制"借方金额"。在D4单元格中输入公式"＝凭证汇总！C4",编制"贷方金额"。在E4单元格中输入公式"＝B4＋C4－D4",编制"期末余额"。选中C4:E4单元格区域,拖曳右下角的填充柄至E15。在B16单元格中输入公式"＝SUM(B4:B15)",并将公式复制到单元格区域C16:E16,如图3-44所示。

B16	▼(	fx	=SUM(B4:B15)	
	A	B	C	D	E
1	总分类账				
2	2011年9月30日				
3	科目名称	期初余额	借方金额	贷方金额	期末余额
4	库存现金	4,554.55	0.00	0.00	4,554.55
5	银行存款	354,566.34	657,620.00	5,012.00	1,007,174.34
6	农行	6,456,647.32	5,012.00	657,000.00	5,804,659.32
7	其它货币资金	0.00	100,000.00	0.00	100,000.00
8	银行本票	265,447,675.26	0.00	14,800.00	265,432,875.26
9	银行汇票	3,545,653.00	4,000.00	4,620.00	3,545,033.00
10	信用卡	-435,345.00	14,800.00	0.00	-420,545.00
11	短期投资	546,456.00	0.00	5,467.00	540,989.00
12	应收账款	-5,356,757.12	5,467.00	100,000.00	-5,451,290.12
13	应收账款	45,235.32	5,467.00	100,000.00	-49,297.68
14	固定资产	-1,445.45	0.00	0.00	-1,445.45
15	累计折旧	-20,000,000.00	0.00	0.00	-20,000,000.00
16	合计	250,607,240.22	792,366.00	886,899.00	250,512,707.22

图3-44 本期借、贷方公式和期末余额公式

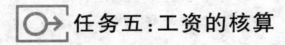

任务五:工资的核算

一、情景导入

制作工资信息表是每个企业必做的工作。人事变动、工资调整以及全勤、缺勤、加班、迟到等信息是工资结算的基础,有了这些原始信息,就可以利用Excel的表格功能和函数功能,创建税率表、员工基本资料表和考勤统计表,为后续制作员工的工资明细表等做准备。

二、相关知识

关键函数讲解

(1) DATEDIF函数

① 函数用途

计算两个日期之间的天数、月数或年数。

② 函数语法

DATEDIF(start_date,end_date,unit)

③ 参数解释

• start_date:代表一段时期的第一个日期或起始日期的日期。

• end_date:代表一段时期的最后一个日期或结束日期的日期。

• unit：返回的信息类型，如表 3-19 所示。

表 3-19　返回的信息类型

unit 值	返回的信息类型
"Y"	一段时期内完整的年数
"M"	一段时期内完整的月数
"D"	一段时期内的天数
"MD"	start_date 和 end_date 之间相差的天数。忽略日期的月数和年数
"YM"	start_date 和 end_date 之间相差的月数。忽略日期的天数和年数
"YD"	start_date 和 end_date 之间相差的天数。忽略日期的年数

④ 函数说明

日期是作为有序序列数进行存储的，因此可将其用于计算。在默认情况下，1900 年 1 月 1 日的序列数为 1，而 2008 年 1 月 1 日的序列数为 39448，因为它是 1900 年 1 月 1 日之后的第 39448 天。

⑤ 函数简单示例

数据表如图 3-45 所示。

	A	B
1	2011/1/1	2013/1/1
2	2011/6/1	2012/6/16

图 3-45　数据表

示例说明如表 3-20 所示。

表 3-20　DATEDIF 函数示例说明

序号	公式	说明	结果
1	=DATEDIF(A1,B1,"Y")	2011/1/1～2013/1/1 这段时期经历了两个完整年	2
2	=DATEDIF(A2,B2,"D")	2011/6/1～2012/6/16 日之间有 381 天	381

（2）LOOKUP 函数

① 函数用途

从单行区域、单列区域、一个数组返回值。LOOKUP 函数具有两种语法形式：向量形式和数组形式。

② 函数语法

LOOKUP(lookup_value,lookup_vector,result_vector)

③ 参数解释

• lookup_value：必需。LOOKUP 在第一个向量中搜索的值。lookup_value 可以是数字、文本、逻辑值、名称或对值的引用。

• lookup_vector：必需。只包含一行或一列的区域。lookup_vector 中的值可以是文本、数字或逻辑值。lookup_vector 中的值必须以升序排列：…，−2，−1，0，1，2，…，A−Z，FALSE，TRUE，否则，LOOKUP 可能无法返回正确的值。大写文本和小写文本是等同的。

• result_vector:必需。只包含一行或一列的区域。result_vector 参数必须与 lookup_vector 大小相同。

④ 函数说明

• 如果 LOOKUP 函数找不到 lookup_value,则它与 lookup_vector 中小于或等于 lookup_value 的最大值匹配。

• 如果 lookup_value 小于 lookup_vector 中的最小值,则 LOOKUP 会返回♯N/A(错误值)。

⑤ 函数简单示例

数据表如图 3-46 所示。

	A	B
1	频率	颜色
2	4.14	红色
3	4.19	橙色
4	5.17	黄色
5	5.77	绿色
6	6.39	蓝色

图 3-46　数据表

示例说明如表 3-21 所示。

表 3-21　LOOKUP 函数示例说明

序号	公式	说明	结果
1	= LOOKUP(4.19,A2:A6,B2:B6)	在 A 列中查找 4.19,然后返回 B 列中同一行内的值	橙色
2	= LOOKUP(5.00,A2:A6,B2:B6)	在 A 列中查找 5.00,与接近它的最小值(4.19)匹配,然后返回 B 列中同一行内的值	橙色
3	= LOOKUP(7.66,A2:A6,B2:B6)	在 A 列中查找 7.66,与接近它的最小值(6.39)匹配,然后返回 B 列中同一行内的值	蓝色
4	= LOOKUP(0,A2:A6,B2:B6)	在 A 列中查找 0,返回错误,因为 0 小于 lookup_vector A2:A6 中的最小值	♯N/A

(3) INT 函数

① 函数用途

将数字向下舍入到最接近的整数。

② 函数语法

INT(number)

③ 参数解释

number:需要进行向下舍入取整的实数。

④ 函数简单示例

示例说明如表 3-22 所示。

表 3-22　INT 函数示例说明

序号	公式	说明	结果
1	＝INT(8.9)	将 8.9 向下舍入到最接近的整数	8
2	＝INT(−8.9)	将−8.9 向下舍入到最接近的整数	−9

（4）MOD 函数

① 函数用途

返回两数相除的余数,结果的正负号与除数相同。

② 函数语法

MOD(number,divisor)

③ 参数解释

- number:被除数。
- divisor:除数。

④ 函数说明

- 如果 divisor 为零,函数 MOD 返回错误值♯DIV/0!。
- 函数 MOD 可以借用函数 INT 来表示:$MOD(n,d)＝n−d*INT(n/d)$

⑤ 函数简单示例

示例说明如表 3-23 所示。

表 3-23　MOD 函数示例说明

序号	公式	说明	结果
1	＝MOD(3,2)	3/2 的余数	1
2	＝MOD(−3,2)	−3/2 的余数,符号与除数相同	1
3	＝MOD(3,−2)	3/−2 的余数,符号与除数相同	−1
4	＝MOD(−3,−2)	−3/−2 的余数,符号与除数相同	−1

（5）ROW 函数

① 函数用途

返回引用的行号。

② 函数语法

ROW(reference)

③ 参数解释

- reference:为需要得到其行号的单元格或单元格区域。

④ 函数简单示例

示例说明如表 3-24 所示。

表 3-24　ROW 函数示例说明

序号	公式	说明	结果
1	＝ROW()	公式所在行的行号	2
2	＝ROW(C10)	引用所在行的行号	10

（6）INDEX 函数

① 函数用途

返回表格或区域中的值或值的引用。函数 INDEX 有两种形式：数组形式和引用形式。

② 函数语法

INDEX(array,row_num,column_num)

③ 参数解释

• array：单元格区域或数组常量。

• row_num：数组中某行的行号，函数从该行返回数值。如果省略 row_num，则必须有 column_num。

• column_num：数组中某列的列标，函数从该列返回数值。如果省略 column_num，则必须有 row_num。

④ 函数说明

• 如果同时使用参数 row_num 和 column_num，函数 INDEX 返回 row_num 和 column_num 交叉处的单元格中的值。

• 如果将 row_num 或 column_num 设置为 0（零），函数 INDEX 则返回整个列或整个行的数组数值。要使用以数组形式返回的值，请将 INDEX 函数以数组公式形式输入，对于行以水平单元格区域的形式输入，对于列以垂直单元格区域的形式输入。要输入数组公式，请按"Ctrl＋Shift＋Enter"的组合键。

• row_num 和 column_num 必须指向数组中的一个单元格，否则，函数 INDEX 返回错误值♯REF!。

⑤ 函数简单示例

数据表如图 3-47 所示。

	A	B
1	**数据**	**数据**
2	苹果	柠檬
3	香蕉	梨子

图 3-47　数据表

示例说明如表 3 – 25 所示。

表 3 – 25　INDEX 函数示例说明

序号	公式	说明	结果
1	＝INDEX(A2:B3,2,2)	位于区域中第二行和第二列交叉处的数值	梨子
2	＝INDEX(A2:B3,2,1)	位于区域中第二行和第一列交叉处的数值	香蕉

（7）COLUMN 函数

① 函数用途

返回指定单元格引用的列号。例如,公式＝COLUMN(D10)返回 4,因为列 D 为第四列。

② 函数语法

COLUMN(reference)

③ 参数解释

• reference:可选。要返回其列号的单元格或单元格区域。

④ 函数简单示例

示例说明如表 3 – 26 所示。

表 3 – 26　COLUMN 函数示例说明

序号	公式	说明	结果
1	＝COLUMN()	公式所在的列	1
2	＝COLUMN(C10)	引用 C10 的列号	3

三、任务实施

在本案例中,需要创建"税率表""员工基础资料表""考勤统计表""工资明细表""零钱统计表""银行发放表"和"工资条"等工作表。

步骤 1:创建"工资核算"工作簿

启动 Excel,新建一个工作簿并命名为"工资核算"。将 Sheet1 重命名为"税率表",在 A1 单元格中输入"工作表日期",在 B1 单元格中输入"2017—12—15"。选中 A5:F5 单元格区域,分别输入表格各字段标题,在 A6:E12 单元格区域中输入表格数据,在 F6 单元格中输入税收起征额度"4800",如图 3 – 48 所示。

	A	B	C	D	E	F
1	工作表日期	2017－12－15				
2						
3						
4						
5	序号	应纳税工薪范围	上限范围	扣税百分率	扣除数	起征额
6	1	不超过1500元的	0	0.03	0	4800
7	2	超过1500元至4500元部分	1500	0.1	105	
8	3	超过4500元至9000元部分	4500	0.2	555	
9	4	超过9000元至35000元部分	9000	0.25	10005	
10	5	超过35000元至55000元部分	35000	0.3	2755	
11	6	超过55000元至80000元部分	55000	0.35	5505	
12	7	超过80000元部分	80000	0.45	13505	

图 3 – 48　税率表

步骤2：创建员工基础资料表

切换至 Sheet2，重命名为"员工基础工资表"。在 A1:H1 单元格区域分别输入表格各字段标题。在 A2:G20 输入相关数据。

步骤3：计算"工龄工资"

在 H2 单元格中输入公式"＝DATEDIF(E2,税率表!＄B＄1,"y")＊50"，按"Enter"键确认。公式中，起始日期为"员工基础资料表"中 E2 单元格的日期，结束日期为"税率表"中 B1 单元格的日期。两个日期之间相差的整年数与 50 相乘，表示每年的工龄工资是 50，如果工作了 n 年，则工龄工资为 $n×50$。将 H2 中的公式复制到 H3:H20 单元格区域，如图 3-49 所示。

	A	B	C	D	E	F	G	H
	H2		fx	=DATEDIF(E2,税率表!$B$1,"y")*50				
1	员工代码	姓名	部门	卡号	进单位时间	基础工资	绩效工资	工龄工资
2	C001	曹静	办公室	601428809001	2016-02-19	6300.00	2500.00	50.00
3	C002	李刚	办公室	601428809002	2016-12-01	7000.00	2900.00	50.00
4	C003	邢园园	办公室	601428809003	2013-02-05	5000.00	1500.00	200.00
5	C004	张建军	办公室	601428809004	2015-06-03	6900.00	3300.00	100.00
6	C005	徐熙	教务部	601428809005	2013-02-06	7600.00	2700.00	200.00
7	C006	康乐	教务部	601428809006	2012-05-07	3400.00	2800.00	250.00
8	C007	李冰冰	教务部	601428809007	2015-03-01	4000.00	2900.00	100.00
9	C008	房建军	教务部	601428809008	2009-08-19	13200.00	2400.00	400.00
10	C009	范振新	教务部	601428809009	2012-12-07	1500.00	3100.00	250.00
11	C010	霍海曙	财务部	601428809010	2015-03-01	11200.00	2500.00	100.00
12	C011	闫桂枝	财务部	601428809011	2014-06-19	6980.00	2820.00	150.00
13	C012	李青山	财务部	601428809012	2012-09-07	7600.00	2800.00	250.00
14	C013	宋宝堂	财务部	601428809013	2012-05-07	4000.00	2878.00	250.00
15	C014	梁阁	财务部	601428809014	2015-03-01	6300.00	2900.00	100.00
16	C015	李广春	人力资源	601428809015	2014-04-19	5300.00	2936.00	150.00
17	C016	吴伟民	人力资源	601428809016	2012-05-07	6000.00	2965.00	250.00
18	C017	王瑞田	人力资源	601428809017	2015-03-01	4000.00	2994.00	100.00
19	C018	张雨晴	人力资源	601428809018	2014-01-19	3300.00	3023.00	150.00
20	C019	王东	人力资源	601428809019	2012-05-07	12600.00	3052.00	250.00

图 3-49 "工龄工资"计算

步骤4：创建员工考勤统计表

切换到 Sheet3，重命名为"考勤统计表"。选中 A1:L1 单元格区域，分别输入各字段标题。选中 A2 单元格，输入公式"＝员工基础资料表!A2"，按"Enter"键确认。选中 B2 单元格，输入公式"＝VLOOKUP(A2,员工基础资料表!A:C,2,0)"，按"Enter"键确认。选中 C2 单元格，输入公式"＝VLOOKUP(A2,员工基础资料表!A:C,3,0)"，按"Enter"键确认；选中 A2:C2 单元格区域，拖曳右下角的填充柄至 C20 单元格。在 D2:E20 单元格区域中分别输入"应出勤天数"和"缺勤天数"。在 F2 单元格中输入公式"＝D2－E2"，并将公式复制到 F3:F20 单元格区域。在 G2:K20 单元格区域输入数据。选中 L2 单元格，输入公式"＝DATEDIF(员工基础资料表!＄E2,税率表!＄B＄1,"y")＊45"，并将公式复制到 L3:L20 单元格区域，如图 3-50 所示。

Excel 数据处理与分析案例教程

	员工代码	姓名	部门	应出勤天	缺勤天数	实出勤天数	绩效考核	日常加班天数	节日加班天数	通讯补助	住宿费	养老保险
2	C001	曹静	办公室	24	3	21				150		45
3	C002	李刚	办公室	24		24					200	45
4	C003	邢园园	办公室	24	2	22						180
5	C004	张建军	办公室	24		24		2				90
6	C005	徐熙	教务部	24		24				150		180
7	C006	康乐	教务部	24		24						225
8	C007	李冰冰	教务部	24		24						90
9	C008	房建军	教务部	24	7	17		1			150	360
10	C009	范振新	教务部	24		24				200		225
11	C010	霍海曙	财务部	24		24						90
12	C011	同桂枝	财务部	24		24		2				135
13	C012	李青山	财务部	24		24						225
14	C013	宋宝堂	财务部	24	1	23						225
15	C014	梁阁	财务部	24		24						90
16	C015	李广春	人力资源	24		24				150		135
17	C016	吴伟民	人力资源	24		24						225
18	C017	王瑞田	人力资源	24	3	21					200	90
19	C018	张雨晴	人力资源	24		24		3				135
20	C019	王东	人力资源	24	2	22				50		225

图 3-50　考勤统计表

步骤 5：创建"工资明细表"新表

"工资明细表"是制作"银行发放表"和"工资条"的基础，在"工资明细表"中需要统计实发工资。在工作簿中插入一个新的工作表，命名为"工资明细表"。在"工资明细表"中插入艺术字"工资明细表"，如图 3-51 所示。

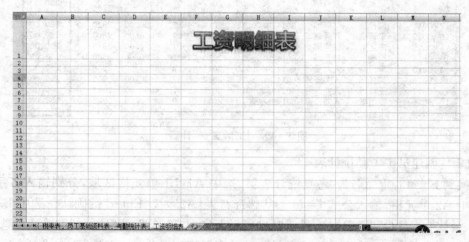

图 3-51　工资明细表

步骤 6：计算相关数据（加班按 2 倍工资计算，节假日加班按 3 倍工资计算）

选中 A2 单元格，输入公式"=税率表！B1"。在 A4 单元格中编制员工代码公式"=员工基础资料表！A2"。在 B4 单元格中输入编制部门的公式"=VLOOKUP(A4,员工基础资料表！A:H,3,0)"。在 C4 单元格中编制姓名公式"=VLOOKUP(A4,员工基础资料表！A:H,2,0)"。在 D4 单元格中编制基本工资公式"=ROUND(VLOOKUP(A4,员工基础资料表！A:H,6,0)/VLOOKUP(A4,考勤统计表！A:G,4,0)＊VLOOKUP(A4,考勤统计表！A:G,6,0),0)"。在 E4 单元格中编制绩效工资公式"=ROUND(VLOOKUP(A4,员工基础资料表！A:H,7,0)＊VLOOKUP(A4,考勤统计表！A:G,7,0),0)"。在 F4 单元格中编制工龄工资公式"＝VLOOKUP(A4,员工基础资料表! A:H,8,0)"。在 G4 单元格中编制通讯补助公式"＝VLOOKUP(A4,考勤统计表! A:J,10,0)"。在 H4 单元格中编制应发合计公式"＝SUM(D4:G4)"。在 I4 单元格中编制日工资公式"＝ROUND(H4/VLOOKUP(A4,考勤统计表! A:D,4,0),0)"。在 J4 单元格中编制正常加班工资公式"＝VLOOKUP(A4,考勤统计表! A:L,8,0)＊I4＊2"。在 K4 单元格中编制节日加班工资公式"＝VLOOKUP(A4,考勤统计表! A:L,9,0)＊I4＊3"。在 L4 单元格中编制工资合计公式"＝H4＋J4＋K4"。在 N4 单元格中,编制住宿费公式"＝VLOOKUP(A4,考勤统计表! A:L,11,0)"。在 O4 单元格中,编制代扣养老保险公式"＝VLOOKUP(A4,考勤统计表! A:L,12,0)"。

步骤 7:计算个人所得税(基础工资按实际出勤天数计算)

在 R3 单元格中输入"应纳税所得额"。在 R4 单元格中编制应纳税所得额的公式"＝IF(L4＞税率表! $F$6,L4－税率表! $F$6,0)"。在 S3 单元格中输入"税率"。在 S4 单元格中编制税率公式"＝IF(R4＝0,0,LOOKUP(R4,税率表! $C$6:$C$14,税率表! $D$6:$D$14))"。在 T3 单元格中输入"速算扣除数"。在 T4 单元格中编制速算扣除数公式"＝IF(R4＝0,0,LOOKUP(R4,税率表! $C$6:$C$14,税率表! $E$6:$E$14))"。在 M4 单元格中编制个人所得税公式"＝R4＋S4－T4"。在 P4 单元格中编制实发合计公式"＝L4－M4－N4－O4"。将 A4:T4 单元格区域中的公式复制到 A5:T22 单元格区域中。在 A23 单元格中输入"合计"。选中 D23:P23 单元格区域,使用"开始"选项卡中的"求和"按钮∑,各个单元格中依次输入各项的求和公式,如图 3－52 所示。

图 3－52　"工资明细表"结果图

步骤 8:创建"零钱统计表"

在工作簿中插入一个新的工作表,命名为"零钱统计表",分别在 A1 单元格和 A2:H2 单元格区域输入标题。

步骤 9:编制"工资"公式

选中 A3 单元格,输入工资公式"＝工资明细表! P4"。选中 A3 单元格,拖曳右下角的填充柄至 A21 单元格。

步骤 10：编制"统计"公式

在 B3 单元格中编制"100 元"统计公式"＝INT（A3/100）"。在 C3 单元格中编制"50 元"统计公式"＝MOD（INT（A3/50），2）"。在 D3 单元格中编制"10 元"统计公式"＝INT（MOD（A3,50）/10）"。在 E3 单元格中编制"5 元"统计公式"＝MOD（INT（A3/5），2）"。在 F3 单元格中编制"1 元"统计公式"＝INT（MOD（A3,5））"。在 G3 单元格中编制"0.5 元"统计公式"＝MOD（INT（A3＊2），2）"。在 H3 单元格中编制"0.1 元"统计公式"＝INT（MOD（A3＊10,5））"。选中 B3：H3 单元格区域,将公式复制到 B4：H21 单元格区域中。

步骤 11：编制求和公式

选中 A23 单元格,输入"合计",在 B23 单元格中编制求和公式"＝SUM（B1：B2）",将公式复制到 C23：H23 单元格区域中,如图 3 - 53 所示。

	A	B	C	D	E	F	G	H
1				零钱统计表				
2	工资	100.00元	50.00元	10.00元	5.00元	1.00元	0.50元	0.10元
3	4754.97	47	1	0	0	4	1	4
4	4659.9	46	1	0	1	4	1	4
5	4603	46	0	0	0	3	0	0
6	4814.9	48	0	1	0	4	1	4
7	4724.9	47	0	2	0	4	1	4
8	3425	34	0	2	1	0	0	0
9	4010	40	0	1	0	0	0	0
10	4844.8	48	0	4	0	4	1	3
11	1725	17	0	2	1	0	0	0
12	5264.8	52	1	1	0	4	1	3
13	4769.9	47	1	1	0	4	1	4
14	4679.9	46	1	2	1	4	1	4
15	3858	38	1	1	0	3	0	0
16	4814.9	48	0	1	0	4	1	4
17	4664.97	46	1	1	0	4	1	4
18	4574.97	45	1	2	0	4	1	4
19	3310	33	0	1	0	0	0	0
20	4179	41	1	2	1	4	0	0
21	5129.8	51	0	2	1	4	1	3
22								
23	合计	100	50	10	5	1	0.5	0.1

图 3 - 53　零钱统计表

步骤 12：新建"银行发放表"

在工作簿中插入一个工作表,命名为"银行发放表"。在 A1：D1 单元格区域中输入标题"员工代码""姓名""工资"和"卡号"。

步骤 13：编制"银行发放表"公式

在 A2 单元格中编制员工代码公式"＝工资明细表！A4"。在 B2 单元格中编制姓名公式"＝工资明细表！C4"。在 C2 单元格中编制工资公式"＝工资明细表！P4"。在 D2 单元格中编制银行卡号公式"＝VLOOKUP（A2,员工基础资料表！A：D,4,0）"。选中 A2：D2 单元格区域,拖曳右下角至 D20,如图 3 - 54 所示。

	A	B	C	D
1	员工代码	姓名	工资	卡号
2	C001	曹静	4,754.97	601428809001
3	C002	李刚	4,659.90	601428809002
4	C003	邢园园	4,603.00	601428809003
5	C004	张建军	4,814.90	601428809004
6	C005	徐熙	4,724.90	601428809005
7	C006	康乐	3,425.00	601428809006
8	C007	李冰冰	4,010.00	601428809007
9	C008	房建军	4,844.80	601428809008
10	C009	范振新	1,725.00	601428809009
11	C010	霍海曙	5,264.80	601428809010
12	C011	闫桂枝	4,769.90	601428809011
13	C012	李青山	4,679.90	601428809012
14	C013	宋宝堂	3,858.00	601428809013
15	C014	粱阁	4,814.90	601428809014
16	C015	李广春	4,664.97	601428809015
17	C016	吴伟民	4,574.97	601428809016
18	C017	王瑞田	3,310.00	601428809017
19	C018	张雨晴	4,179.00	601428809018
20	C019	王东	5,129.80	601428809019

图 3－54　银行发放表

步骤 14:创建“工资条”工作表

在工作簿中插入一个工作表,命名为“工资条”。

步骤 15:编制工资条公式

选中 A1 单元格,输入公式“=IF(MOD(ROW(),3)=0,"",IF(MOD(ROW(),3)=1,工资明细表! A$3,INDEX(工资明细表! $A:$Q,INT((ROW()-1)/3)+4,COLUMN()))))”。

步骤 16:复制公式

选中 A1 单元格,拖曳右下角的填充柄至 P1 单元格。再选中 A1:P1 单元格区域,拖曳右下角的填充柄至 P56 单元格,如图 3－55 所示。

A1　=IF(MOD(ROW(),3)=0,"",IF(MOD(ROW(),3)=1,工资明细表!A$3,INDEX(工资明细表!$A:$Q,INT((ROW()-1)/3)+4,COLUMN())))

	A	B	C	D	E	F	G	H	I	J	K	L	M	N	O	P
1	员工代码	部门	姓名	基础工资	绩效工资	工龄工资	通讯补助	应发合计	日工资	正常加班工	节日加班工	工资合计	个人所得税	住宿费	代扣养老保	实发合计
2	C0001	办公室	曹静	5513	0	50	150	5713	238	0	0	5713	913.03	0	45	4754.97
3																
4	员工代码	部门	姓名	基础工资	绩效工资	工龄工资	通讯补助	应发合计	日工资	正常加班工	节日加班工	工资合计	个人所得税	住宿费	代扣养老保	实发合计
5	C0002	办公室	李刚	7000	0	50	0	7050	294	0	0	7050	2145.1	200	45	4659.9
6																
7	员工代码	部门	姓名	基础工资	绩效工资	工龄工资	通讯补助	应发合计	日工资	正常加班工	节日加班工	工资合计	个人所得税	住宿费	代扣养老保	实发合计
8	C0003	办公室	邢园园	4583	0	200	0	4783	199	0	0	4783	0	0	180	4603
9																
10	员工代码	部门	姓名	基础工资	绩效工资	工龄工资	通讯补助	应发合计	日工资	正常加班工	节日加班工	工资合计	个人所得税	住宿费	代扣养老保	实发合计
11	C0004	办公室	张建军	6900	0	100	0	7000	292	1168	0	8168	3263.1	0	90	4814.9
12																
13	员工代码	部门	姓名	基础工资	绩效工资	工龄工资	通讯补助	应发合计	日工资	正常加班工	节日加班工	工资合计	个人所得税	住宿费	代扣养老保	实发合计
14	C0005	教务部	徐熙	7600	0	200	150	7950	331	0	0	7950	3045.1	0	180	4724.9
15																
16	员工代码	部门	姓名	基础工资	绩效工资	工龄工资	通讯补助	应发合计	日工资	正常加班工	节日加班工	工资合计	个人所得税	住宿费	代扣养老保	实发合计
17	C0006	教务部	康乐	3400	0	250	0	3650	152	0	0	3650	0	0	225	3425
18																
19	员工代码	部门	姓名	基础工资	绩效工资	工龄工资	通讯补助	应发合计	日工资	正常加班工	节日加班工	工资合计	个人所得税	住宿费	代扣养老保	实发合计
20	C0007	教务部	李冰冰	4000	0	100	0	4100	171	0	0	4100	0	0	90	4010
21																
22	员工代码	部门	姓名	基础工资	绩效工资	工龄工资	通讯补助	应发合计	日工资	正常加班工	节日加班工	工资合计	个人所得税	住宿费	代扣养老保	实发合计
23	C0008	教务部	房建军	9350	0	400	0	9750	406	812	0	10562	5207.2	150	360	4844.8
24																
25	员工代码	部门	姓名	基础工资	绩效工资	工龄工资	通讯补助	应发合计	日工资	正常加班工	节日加班工	工资合计	个人所得税	住宿费	代扣养老保	实发合计
26	C0009	教务部	范振新	1500	0	250	200	1950	81	0	0	1950	0	0	225	1725

税率表　员工基础资料表　考勤统计表　工资明细表　零钱统计表　银行发放表　工资条

图 3－55　工资条表

任务六：成本费用表

一、情景导入

企业在创建成本计算表时往往需要与上年同期的成本水平进行比较，这样既能展示本期的成本水平，又能反映与同期比较后的成本变化，是做成本分析时必不可少的分析数据表。

二、相关知识

关键函数讲解

（1）RANK 函数

① 函数用途

返回一个数字在数字列表中的排位。数字的排位是其与列表中其他值的比值（如果列表已排过序，则数字的排位就是它当前的位置）。

② 函数语法

RANK(number,ref,order)

③ 参数解释

- number：为需要找到排位的数字。
- ref：为数字列表数组或对数字列表的引用。ref 中的非数值型参数将被忽略。
- order：指明排位的方式。

④ 函数说明

- 函数 RANK 对重复数的排位相同，但重复数的存在将影响后续数值的排位。例如，在一列按升序排列的整数中，如果整数 10 出现两次，其排位为 5，则 11 的排位为 7（没有排位为 6 的数值）。

- 由于某些原因，用户需使用考虑重复数字的排位定义。在前面的示例中，用户可能要将整数 10 的排位改为 5.5，这可通过将重复数排位的修正因素＝[COUNT(ref)＋1－RANK(number,ref,0)－RANK(number,ref,1)]/2 添加到按排位返回的值中来实现。该修正因素可以使用于按照升序计算排位（顺序＝非零值）或按照降序计算排位（顺序＝0 或被忽略）的情况。

⑤ 函数简单示例

数据表如图 3－56 所示。

	A
1	**数据**
2	7
3	3.5
4	3.5
5	1
6	2

图 3-56 数据表

示例说明如表 3-27 所示。

表 3-27 RANK 函数示例说明

序号	公式	说明	结果
1	=RANK(A3,A2:A6,1)	3.5 在上表中的排位	3
2	=RANK(A2,A2:A6,1)	7 在上表中的排位	5

(2) MATCH 函数

① 函数用途

在单元格区域中搜索指定项，然后返回该项在单元格区域中的相对位置。

② 函数语法

MATCH(25,A1:A3,0)

③ 参数解释

• lookup_value：必需。需要在 lookup_array 中查找的值。例如，如果要在电话簿中查找某人的电话号码，将姓名作为查找值，但实际上需要的是电话号码。参数可以为值（数字、文本或逻辑值）或对数字、文本或逻辑值的单元格引用。

• lookup_array：必需。要搜索的单元格区域。

• match_type：可选数字-1、0 或 1。match_type 参数指定 Excel 如何在 lookup_array 中查找 lookup_value 的值。此参数的默认值为 1。

④ 函数说明

• MATCH 函数会返回 lookup_array 中匹配值的位置而不是匹配值本身。例如，MATCH("b",{"a","b","c"},0)会返回 2，即"b"在数组{"a","b","c"}中的相对位置。

• 查找文本值时，MATCH 函数不区分大小写字母。

• 如果 MATCH 函数查找匹配项不成功，会返回错误值♯N/A。

• 如果 match_type 为 0 且 lookup_value 为文本字符串，可以在 lookup_value 参数中使用通配符（问号(?)和星号(*)）。问号匹配任意单个字符；星号匹配任意一串字符。如果要查找实际的问号或星号，请在该字符前键入波形符(～)。

⑤ 函数简单示例

数据表如图 3-57 所示。

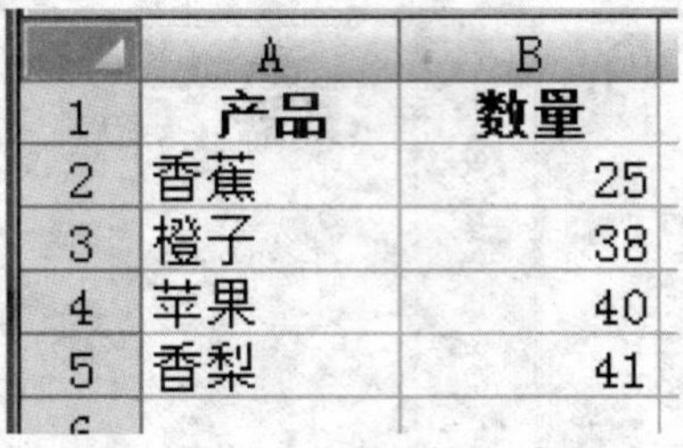

图 3-57 数据表

示例说明如表 3-28 所示。

表 3-28　MATCH 函数示例说明

序号	公式	说明	结果
1	＝MATCH(39,B2:B5,1)	由于此处无精确匹配项,因此函数会返回单元格区域 B2:B5 中最接近的最小值(38)的位置	2
2	＝MATCH(41,B2:B5,0)	B2:B5 单元格区域中值 41 的位置	4
3	＝MATCH(40,B2:B5,－1)	由于单元格区域 B2:B5 中的值不是按降序排列,因此返回错误	＃N/A

三、任务实施

在本案例中要实现本期单耗和上期单耗的对比,以及按上年同期耗量计算的成本与本月实际成本之间的比较。

步骤 1:创建"成本费用"工作簿

启动 Excel,新建一个工作簿并命名为"成本费用"。将 Sheet1 重命名为"7 月成本表",在表中录入数据,如图 3-58 所示。

图 3-58　7 月成本表

步骤 2:编制"单位成本"求和公式

选中 E5 单元格,输入公式"＝SUM(E6:E15)",按"Enter"键确认,如图 3-59 所示。

	E5	▼		fx	=SUM(E6:E15)

	A	B	C	D	E
1	材料成本对比表				
2	日期：	2012/8/31			
3	名称	单位	单价	按上年同期耗量	
4				单位耗量	单位成本
5	原材料：				20,563.00
6	材料1	吨	1,050	0.2650	270.38
7	材料2	吨	2,500	0.3500	721.47
8	材料3	吨	3,100	0.4600	1,530.22
9	材料4	吨	7,850	0.3000	2,466.91
10	材料5	吨	6,120	1.5320	9,283.47
11	材料6	吨	980	0.0470	50.27
12	材料7	吨	3,050	0.0110	24.18
13	材料8	吨	11,000	0.0150	182.59
14	材料9	吨	15,500	0.4400	6,027.96
15	材料10	吨	3,000	0.0015	5.55

图 3-59 单位成本求和

步骤3：编制"总消耗量"公式

选中 F6 单元格，输入公式"＝D6＊＄K＄2"，按"Enter"键确认，将公式复制到区域 F7：F15 中，如图 3-60 所示。

	F6	▼		fx	=D6*$K$2	

	A	B	C	D	E	F	G
1	材料成本对比表						
2	日期：	2012/8/31					
3	名称	单位	单价	按上年同期耗量计算的成本			
4				单位耗量	单位成本	总消耗量	总成本
5	原材料：				20,563.00		
6	材料1	吨	1,050	0.2650	270.38	37.71745	
7	材料2	吨	2,500	0.3500	721.47	49.8155	
8	材料3	吨	3,100	0.4600	1,530.22	65.4718	
9	材料4	吨	7,850	0.3000	2,466.91	42.699	
10	材料5	吨	6,120	1.5320	9,283.47	218.0496	
11	材料6	吨	980	0.0470	50.27	6.68951	
12	材料7	吨	3,050	0.0110	24.18	1.56563	
13	材料8	吨	11,000	0.0150	182.59	2.13495	
14	材料9	吨	15,500	0.4400	6,027.96	62.6252	
15	材料10	吨	3,000	0.0015	5.55	0.213495	

图 3-60 总消耗量

步骤4：编制"总成本"公式

选中 G6 单元格，输入公式"＝E6＊＄K＄2"，按"Enter"键确认，将公式复制到区域 G7：G15 中，如图 3-61 所示。

图 3-61　总成本

步骤 5：编制"总成本"求和公式

选中 G5 单元格，输入公式"=SUM(G6:G15)"，按"Enter"键确认，如图 3-62 所示。

G5				fx	=SUM(G6:G15)	
	A	B	C	D	E	F	G
1	材料成本对比表						
2	日期：	2012/8/31					
3	名称	单位	单价	按上年同期耗量计算的成本			
4				单位耗量	单位成本	总消耗量	总成本
5	原材料：				20,563.00		2926732
6	材料1	吨	1,050	0.2650	270.38	37.71745	38483.19
7	材料2	吨	2,500	0.3500	721.47	49.8155	102686.8
8	材料3	吨	3,100	0.4600	1,530.22	65.4718	217796.2
9	材料4	吨	7,850	0.3000	2,466.91	42.699	351115.3
10	材料5	吨	6,120	1.5320	9,283.47	218.0496	1321316
11	材料6	吨	980	0.0470	50.27	6.68951	7154.929
12	材料7	吨	3,050	0.0110	24.18	1.56563	3441.539
13	材料8	吨	11,000	0.0150	182.59	2.13495	25988.03
14	材料9	吨	15,500	0.4400	6,027.96	62.6252	857959.5
15	材料10	吨	3,000	0.0015	5.55	0.213495	789.9315

图 3-62　总成本求和

步骤 6：编制"总成本"公式

选中 K6 单元格，输入公式"=J6*C6"，按"Enter"键确认，将公式复制到 K7:K15 单元格区域中，如图 3-63 所示。

图 3-63 总成本

步骤 7:编制本月"总成本"求和公式

选中 K5 单元格,输入公式"＝SUM(K6:K15)",按"Enter"键确认,如图 3-64 所示。

图 3-64 本月总成本求和

步骤 8:编制"用量排名"公式

选中 L6 单元格,输入公式"＝RANK(K6,＄K＄6:＄K＄15)",按"Enter"键确认,将公式复制到 L7:L15 单元格区域中,如图 3-65 所示。

图 3-65 用量排名

步骤 9:编制本月"单位耗量"公式

选中 H6 单元格,输入公式"＝J6/＄K＄2",按"Enter"键确认,将公式复制到 H7:H15 单元格区域中,如图 3-66 所示。

H6		▼		f_x	=J6/$K$2		

	A	B	C	D	E	F	G	H
1	材料成本对比表							
2	日期：		2012/8/31					
3	名称	单位	单价	按上年同期耗量计算的成本				单位耗量
4				单位耗量	单位成本	总消耗量	总成本	
5	原材料：				20,563.00		2926732	
6	材料1	吨	1,050	0.2650	270.38	37.71745	38483.19	0.24694
7	材料2	吨	2,500	0.3500	721.47	49.8155	102686.8	0.337357
8	材料3	吨	3,100	0.4600	1,530.22	65.4718	217796.2	0.472248
9	材料4	吨	7,850	0.3000	2,466.91	42.699	351115.3	0.273639
10	材料5	吨	6,120	1.5320	9,283.47	218.0496	1321316	1.436521
11	材料6	吨	980	0.0470	50.27	6.68951	7154.929	0.050425
12	材料7	吨	3,050	0.0110	24.18	1.56563	3441.539	0.007595
13	材料8	吨	11,000	0.0150	182.59	2.13495	25988.03	0.015232
14	材料9	吨	15,500	0.4400	6,027.96	62.6252	857959.5	0.391161
15	材料10	吨	3,000	0.0015	5.55	0.213495	789.9315	0.001497

图 3-66 本月单位耗量

步骤 10：编制本月"单位成本"公式

选中 I6 单元格，输入公式"＝K6/$K$2"，按"Enter"键确认，将公式复制到 I7:I15 单元格区域中，如图 3-67 所示。

I6		▼		f_x	=K6/$K$2							

	A	B	C	D	E	F	G	H	I	J	K	L
1	材料成本对比表											
2	日期：		2012/8/31								本月产量：	142.33
3	名称	单位	单价	按上年同期耗量计算的成本					本月实际成本			
4				单位耗量	单位成本	总消耗量	总成本	单位耗量	单位成本	总消耗量	总成本	用量排名
5	原材料：				20,563.00		2926732				2820105	
6	材料1	吨	1,050	0.2650	270.38	37.71745	38483.19	0.24694	259.2872		35.147	36904.35	6
7	材料2	吨	2,500	0.3500	721.47	49.8155	102686.8	0.337357	843.3921		48.016	120040	5
8	材料3	吨	3,100	0.4600	1,530.22	65.4718	217796.2	0.472248	1463.968		67.215	208366.5	4
9	材料4	吨	7,850	0.3000	2,466.91	42.699	351115.3	0.273639	2148.064		38.947	305734	3
10	材料5	吨	6,120	1.5320	9,283.47	218.0496	1321316	1.436521	8791.507		204.46	1251295	1
11	材料6	吨	980	0.0470	50.27	6.68951	7154.929	0.050425	49.41657		7.177	7033.46	8
12	材料7	吨	3,050	0.0110	24.18	1.56563	3441.539	0.007595	23.16483		1.081	3297.05	9
13	材料8	吨	11,000	0.0150	182.59	2.13495	25988.03	0.015232	167.5543		2.168	23848	7
14	材料9	吨	15,500	0.4400	6,027.96	62.6252	857959.5	0.391161	6063.001		55.674	862947	2
15	材料10	吨	3,000	0.0015	5.55	0.213495	789.9315	0.001497	4.489567		0.213	639	10

图 3-67 本月单位成本

步骤 11：编制"单位成本"求和公式

选中 I5 单元格，输入公式"＝SUM(I6:I15)"，按"Enter"键确认，如图 3-68 所示。

I5		▼		f_x	=SUM(I6:I15)				

	A	B	C	D	E	F	G	H	I
1	材料成本对比表								
2	日期：		2012/8/31						
3	名称	单位	单价	按上年同期耗量计算的成本					本月实
4				单位耗量	单位成本	总消耗量	总成本	单位耗量	单位成本
5	原材料：				20,563.00		2926732		19813.84

图 3-68 单位成本求和

步骤 12：编制"成本降低率"公式

选中 M5 单元格，输入公式"＝(G5－K5)/G5"，按"Enter"键确认，将公式复制到 M6:M15 单元格区域中。美化工作表，如图 3-69 所示。

图 3-69　成本降低率

步骤 13：创建"本期成本构成"分析表

分别在 A17 单元格、A18：C18 单元格区域、A19：A22 单元格区域、A23：B23 单元格区域中输入表格标题和各字段标题，如图 3-70 所示。

图 3-70　成本构成分析表

步骤 14：输入"原材料"

选中 B19 单元格，输入公式"＝INDEX（＄A＄6：＄A＄15,MATCH(A19,＄L＄6：＄L＄15,0))"，按"Enter"键确认，拖曳填充柄将公式复制到区域 B20：B22，如图 3-71 所示。

	A	B	C	D	E	F	G
B19			fx	=INDEX($A$6:$A$15, MATCH(A19, $L$6:$L$15, 0))			
10	材料5	吨	6,120	1.5320	9,283.47	218.0496	1,321,31
11	材料6	吨	980	0.0470	50.27	6.6895	7,15
12	材料7	吨	3,050	0.0110	24.18	1.5656	3,44
13	材料8	吨	11,000	0.0150	182.59	2.1350	25,98
14	材料9	吨	15,500	0.4400	6,027.96	62.6252	857,95
15	材料1	吨	3,000	0.0015	5.55	0.2135	78
16							
17		本期成本构成分析					
18	序号	原材料		总成本			
19	1	材料5					
20	2	材料9					
21	3	材料4					
22	4	材料3					

图 3-71　原材料

步骤 15：输入"总成本"

选中 C19 单元格，输入公式"＝INDEX（＄K＄6：＄K＄15，MATCH（A19，＄L＄6：＄L＄15，0））"，按"Enter"键确认，拖曳填充柄将公式复制到区域 C20：C22，如图 3－72 所示。

C19		fx	=INDEX($K$6:$K$15,MATCH(A19,$L$6:$L$15,0))			
	A	B	C	D	E	F	G
10	材料5	吨	6,120	1.5320	9,283.47	218.0496	1,321,316.29
11	材料6	吨	980	0.0470	50.27	6.6895	7,154.93
12	材料7	吨	3,050	0.0110	24.18	1.5656	3,441.54
13	材料8	吨	11,000	0.0150	182.59	2.1350	25,988.03
14	材料9	吨	15,500	0.4400	6,027.96	62.6252	857,959.55
15	材料1	吨	3,000	0.0015	5.55	0.2135	789.93
16							
17			本期成本构成分析				
18	序号	原材料	总成本				
19	1	材料5	1251295				
20	2	材料9	862947				
21	3	材料4	305734				
22	4	材料3	208366.5				
23	其它	其它					

图 3－72　总成本

选中 C23 单元格，输入公式"＝ROUND（K5－SUM（C19：C22），2）"，按"Enter"键确认，美化表格，如图 3－73 所示。

16			
17	本期成本构成分析		
18	序号	原材料	总成本
19	1	材料5	1,251,295.20
20	2	材料9	862,947.00
21	3	材料4	305,733.95
22	4	材料3	208,366.50
23	其它	其它	191,761.86
24			

图 3－73　最终效果

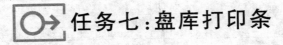

任务七：盘库打印条

一、情景导入

在工作中，我们需要制作类似于工资条的各种打印条、表单。每逢月末，企业需要为各商家制作一份对账单，传真给对方进行库存核对，每一张对账单的格式相同但内容不同。此时就要求创建一份可供打印的工作表，用多张 A4 纸打印多张格式相同、内容按照记录逐行显示的对账单。该工作表要求操作简单、自动化程度高。

二、相关知识

关键函数讲解

（1）OFFSET 函数

① 函数用途

以指定的引用为参照系，通过给定偏移量得到新的引用。返回的引用可以为一个单元格或单元格区域，并可以指定返回的行数或列数。

② 函数语法

OFFSET(reference,rows,cols,height,width)

③ 参数解释

• reference：作为偏移量参照系的引用区域。reference 必须为对单元格或相连单元格区域的引用，否则，函数 OFFSET 返回错误值♯VALUE!。

• rows：相对于偏移量参照系的左上角单元格上（下）偏移的行数。如果使用 5 作为参数 rows，则说明目标引用区域的左上角单元格比 reference 低 5 行。可为正数（代表在起始引用的下方）或负数（代表在起始引用的上方）。

• cols：相对于偏移量参照系的左上角单元格左（右）偏移的列数。如果使用 5 作为参数 cols，则说明目标引用区域的左上角的单元格比 reference 靠右 5 列。可为正数（代表在起始引用的右边）或负数（代表在起始引用的左边）。

• height：高度，所要返回的引用区域的行数。height 必须为正数。

• width：宽度，所要返回的引用区域的列数。width 必须为正数。

④ 函数说明

• 如果行数和列数偏移量超出工作表边缘，函数 OFFSET 返回错误值♯REF!。

• 如果省略 height 或 width，则其高度或宽度与 reference 相同。

• 函数 OFFSET 实际上并不移动任何单元格或更改选定区域，它只是返回一个引用。函数 OFFSET 可用于任何需要将引用作为参数的函数。例如，公式 SUM(OFFSET(C2,1,2,3,1))将计算比单元格 C2 靠下 1 行并靠右 2 列的 3 行 1 列区域的总值。

⑤ 函数简单示例

示例说明如表 3-29 所示。

表 3-29　OFFSET 函数示例说明

序号	公式	说明	结果
1	=OFFSET(C3,2,3,1,1)	显示单元格 F5 中的值	0
2	=SUM(OFFSET(C3:E5,-1,0,3,3))	对数据区域 C2:E4 求和	0
3	=OFFSET(C3:E5,0,-3,3,3)	返回错误值，因为引用区域不在工作表中	♯REF!

（2）ROWS 函数

① 函数用途

返回引用或数组的行数。

② 函数语法

ROWS(array)

③ 参数解释

· array：为需要得到其行数的数组、数组公式或单元格区域的引用。

④ 函数简单示例

示例说明如表 3 - 30 所示。

表 3 - 30 ROWS 函数示例说明

序号	公式	说明	结果
1	＝ROWS(C1:E4)	引用中的行数	4
2	＝ROWS({1,2,3;4,5,6})	数组常量中的行数	2

三、任务实施

本案例将创建一张流通企业库存记录表。

步骤 1：创建"盘库打印条"工作簿

启动 Excel，自动新建一个工作簿，保存为"盘库打印条"。将"Sheet1"工作表重命名为"数据库"，在表中输入表格初始数据，如图 3 - 74 所示。

序号	客户类别	客户名称	机型	数量	原底价	现底价	单价	金额
1	大客户1	永通	HP200	36	4500	4100		
2	大客户2	亚太	HP200	12	4500	4160		
3	大客户3	国宏	HP200	56	4500	4100		
4	大客户4	天一	HP200	43	4500	4100		
5	大客户5	永通	HP200	32	4500	4100		
6	大客户6	爱丽	HP200	12	4500	4100		
7	大客户7	宏大	HP200	54	4500	4100		
8	地包1	天一	HP200	32	4500	4160		
9	地包2	宏图	HP200	67	4500	4160		
10	地包3	爱丽	HP200	45	4500	4160		
11	地包4	天一	HP200	12	4500	4160		
12	地包5	永通	HP200	32	4500	4160		
13	地包6	宏图	HP200	54	4500	4160		
14	地包7	联创	HP200	56	4500	4160		
15	直销1	天一	HP200	78	4500	4160		
16	直销2	拓展	HP200	79	4500	4160		
17	直销3	宏图	HP200	86	4500	4160		
18	直销4	亚太	HP200	53	4500	4160		
19	直销5	永通	HP200	23	4500	4160		
20	直销6	爱丽	HP200	42	4500	4160		
21	直销7	天一	HP200	46	4500	4160		
22	直销8	拓展	HP200	36	4500	4160		
23	直销9	联创	HP200	93	4500	4160		

图 3 - 74 数据库表

步骤2：编制"补差单价"和"金额"公式

选中单元格 H3，输入补差单价公式"＝F3－G3"，按"Enter"键确认。选中单元格 I3，输入金额公式＝"E3 ＊ H3"，按"Enter"键确认。

步骤3：复制公式

选中单元格区域 H3：I3，拖放填充柄将公式复制到单元格区域 H3：I25，美化表格，如图 3－75 所示。

	A	B	C	D	E	F	G	H	I
1				2012年4月2日某产品数量金额明细表					
2	序号	客户类别	客户名称	机型	数量	原底价	现底价	单价	金额
3	1	大客户1	永通	HP200	36	4500	4100	400	14,400
4	2	大客户2	亚太	HP200	12	4500	4160	340	4,080
5	3	大客户3	国宏	HP200	56	4500	4100	400	22,400
6	4	大客户4	天一	HP200	43	4500	4100	400	17,200
7	5	大客户5	永通	HP200	32	4500	4100	400	12,800
8	6	大客户6	爱丽	HP200	12	4500	4100	400	4,800
9	7	大客户7	宏大	HP200	54	4500	4100	400	21,600
10	8	地包1	天一	HP200	32	4500	4160	340	10,880
11	9	地包2	宏图	HP200	67	4500	4160	340	22,780
12	10	地包3	爱丽	HP200	45	4500	4160	340	15,300
13	11	地包4	天一	HP200	12	4500	4160	340	4,080
14	12	地包5	永通	HP200	32	4500	4160	340	10,880
15	13	地包6	宏图	HP200	54	4500	4160	340	18,360
16	14	地包7	联创	HP200	56	4500	4160	340	19,040
17	15	直销1	天一	HP200	78	4500	4160	340	26,520
18	16	直销2	拓展	HP200	79	4500	4160	340	26,860
19	17	直销3	宏图	HP200	86	4500	4160	340	29,240
20	18	直销4	亚太	HP200	53	4500	4160	340	18,020
21	19	直销5	永通	HP200	23	4500	4160	340	7,820
22	20	直销6	爱丽	HP200	42	4500	4160	340	14,280
23	21	直销7	天一	HP200	46	4500	4160	340	15,640
24	22	直销8	拓展	HP200	36	4500	4160	340	12,240
25	23	直销9	联创	HP200	93	4500	4160	340	31,620

图 3－75　补差单价和金额

步骤4：创建新表"打印表"

在"盘库打印条"工作簿中新建工作表"打印表"。单击"公式"选项卡，在"定义的名称"命令组中单击"定义名称"按钮，弹出"新建名称"对话框，在"名称"文本框中输入"data"，在"引用位置"文本框中输入"＝OFFSET(数据库!＄B＄3,,,COUNTA(数据库!＄B＄3：＄B＄999),8)"。单击"确定"按钮。

公式"＝OFFSET(数据库!＄B＄3,,,COUNTA(数据库!＄B＄3：＄B＄999),8)"，先计算"＝COUNTA(数据库!＄B＄3：＄B＄999)"，此函数返回的是"数据库"表中数据记录个数，它是生成动态区域的关键，每增加一条记录，COUNTA()的结果会自动增加1，数据区的范围页随之增加一行。COUNTA 函数是用来统计引用区域内不为空的个数。COUNTA 函数内的参数：数据库!＄B＄3：＄B＄999，是指数据库记录有可能出现的范围，如果记录数比较多超过了 999 行可以修改，但设置到 Excel 允许的极限行 1048576 行，运行的速度会较慢，所以应该根据需要进行设置，尽量缩小范围。公式可以简化为"＝OFFSET(数据库!＄B＄3,,,23,8)"。因为省略了 rows 和 cols，根据定义，此 OFFSET 函数最后计算的结果为"数据库"工作表 B3 单元格向下 0 行、向右 0 列的，高度为 23、宽度为 8 的单元格区域，即 B3：I25。此处对 data 定义了一个动态名称，能实现对一个未知大小的区域的引用，如图 3－76 所示。

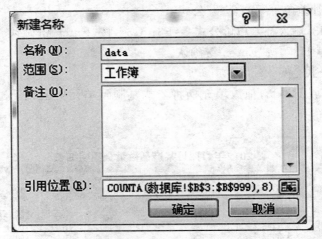

图 3-76 "新建名称"对话框

步骤 5：编制打印模板

在 A1、A2、A3：H3、A5 和 F7 单元格区域的各个单元格中分别输入文本内容，如图 3-77 所示。

图 3-77 打印模板

步骤 6：设置供调用单元格

在单元格 J1 中输入 1，并添加批注"在此输入打印页数"，如图 3-78 所示。

图 3-78 供调单元格设置板

步骤 7：编制辅助列公式

在单元格 I4 中输入公式"＝MOD(ROW(),9) * $J$1-4+ROUNDUP(ROW()/9, 0)"，按"Enter"键确认。

此函数返回的是从第 4 行开始每隔 9 行生成的自然数序列 1、2、3……随着 J1 数值的增加，该序列按照 J1 的整数倍增加。如果 J1 等于 1，结果则为 1、2、3、4；如果 J1 等于 2，结果则为 5、6、7、8。

步骤8：编制打印条

选中单元格区域 A4：H4，在编辑栏中输入公式"＝IF(ROWS(data)＜＄I4,"",INDEX(data,MOD(ROW(),9)＊＄J＄1－4＋ROUNDUP(ROW()/9,0),COLUMN()))"，按"Ctrl＋Enter"组合键确认公式，美化工作表。

公式"＝IF(ROWS(data)＜＄I4,"",＊＊＊＊＊＊)"的作用是当总记录数显示完毕，单元格内显示空值，I 列的数据是为 IF 函数服务的。"MOD(ROW(),9)＊＄J＄1－4＋ROUNDUP(ROW()/9,0)"的目的是从 INDEX 函数中逐行调取记录。可将此公式输入到任意空白列的第 1 行。COLUMN()的作用是随着公式向右拖曳，列参数会自动增加1，即指向区域的列向右侧偏移的一列。

选中单元格区域 A1：I9，拖动填充柄至单元格 I36，单击右下角的"自动填充选项"按钮右侧的下拉箭头，在弹出的选项框中选择"复制单元格"，如图 3-79 所示。

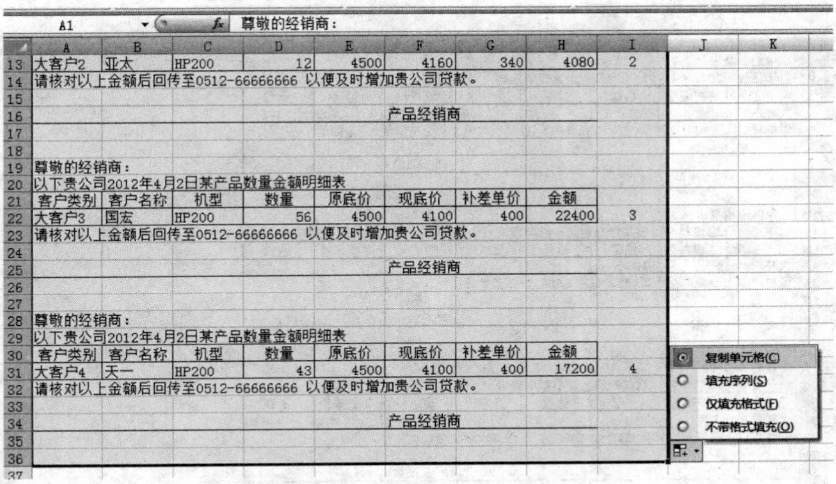

图 3-79　编制打印条

步骤9：编制"打印记录数"辅助单元格

打开"设置单元格格式"对话框，在"数字"选项卡的"分类"列表框中选中"自定义"，在右侧的"类型"文本框中输入""共""计"0"条""记""录""，按"确定"键返回。在单元格 K1 中输入公式"＝ROWS(data)"，按"Enter"键确认，如图 3-80 所示。

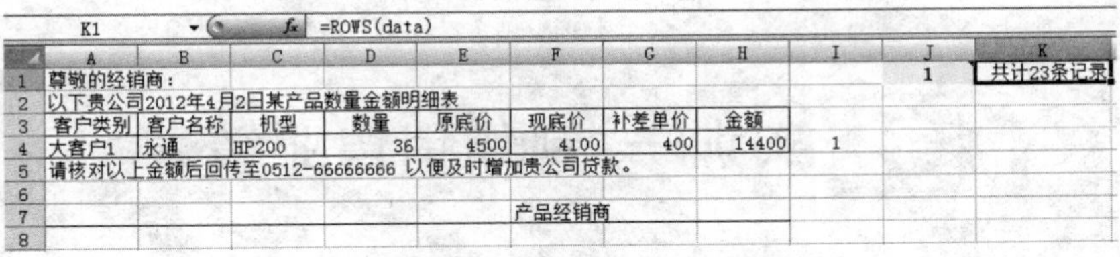

图 3-80　"打印记录数"辅助单元格

步骤10：编制"打印页数"辅助单元格

打开"设置单元格格式"对话框，在"数字"选项卡的"分类"列表框中选中"自定义"，在右

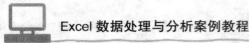

侧的"类型"文本框中输入""需""打""印"6"张"",按"确定"键返回。在单元格 K2 中输入公式"＝ROUNDUP(K1/4,0)",按"Enter"键确认,如图 3-81 所示。

图 3-81 "打印页数"辅助单元格

步骤 11:显示第 2 页

选中单元格 J1,输入 2,按"Enter"键确认。此时,在打印表中显示第 5～8 条记录,如图 3-82 所示。

图 3-82 显示第 2 页

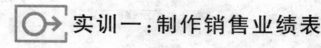 实训一:制作销售业绩表

【实训目标】

在计算销售业绩时,用户可以使用数学函数 SUMPRODUCT() 来计算不同员工的销售业绩情况,完成对销售数据的统计分析。评定业绩成绩时,常常需要了解最高销售业绩与最低销售业绩,此时可以使用统计函数中的求最大值与最小值函数进行分析,评比销售业绩

情况。

本任务初始素材表如图 3 - 83 所示,完成后的最终效果如图 3 - 84 所示。

销售业绩分析							
商品信息		业务员销售数量					
商品	单价(元)	钟林	吴勇	张东健	林俊杰	周杰	冠雅苑
A	188	45	23	67	44	23	13
B	241	87	97	67	34	45	55
C	432	65	76	43	74	87	79
D	235	65	2	65	5	76	5
销售业绩							
最高业绩							
最低业绩							

图 3 - 83 初始表

销售业绩分析							
商品信息		业务员销售数量					
商品	单价	钟林	吴勇	张东健	林俊杰	周杰	冠雅苑
A	¥188	45	23	67	44	23	13
B	¥241	87	97	67	34	45	55
C	¥432	65	76	43	74	87	79
D	¥235	65	2	65	5	76	5
销售业绩		¥72,782	¥61,003	¥62,594	¥49,609	¥70,613	¥51,002
最高业绩		¥72,782					
最低业绩		¥49,609					

图 3 - 84 结果表

实训二:账龄统计

【实训目标】

无论是企业内部还是对外报表都需要进行账龄的分析,账龄一旦超过诉讼时效将不受法律保护。所以,作为财务人员必须创建账龄分析表,以提醒经营者。本实训将对往来账户明细表按照不同的时间间隔进行分类处理,处理后的工作表能清晰、直观地反映出每个账户所处的账龄区间,并且计算出每个账龄区间总额。

本任务初始素材表如图 3 - 85 所示,完成后的最终效果如图 3 - 86 所示。

	A	B	C	D	E	F	G	H	I
1			上限值天数	30天	90天	180天	365天	2000天	
2	截止时间:	2013/1/1	下限值天数	0天	30天	90天	180天	365天	
3	单位名称	期末余额	末笔交易日期	金额	金额	金额	金额	金额	合计
4	公司1	1,000	2010-01-29						
5	公司2	2,000	2010-10-06						
6	公司3	3,000	2011-01-31						
7	公司4	4,000	2011-06-01						
8	公司5	5,000	2011-02-02						
9	公司6	6,000	2012-11-03						
10	公司7	7,000	2012-02-04						
11	公司8	8,000	2012-07-05						
12	公司9	9,000	2012-05-06						
13	公司10	10,000	2010-02-07						
14	公司11	11,000	2011-05-08						
15	公司12	12,000	2012-02-09						
16	公司13	13,000	2012-09-10						
17	公司14	14,000	2010-02-11						
18	公司15	15,000	2010-12-12						
19	合计:								
20									

图 3-85　初始表

J4　fx　=SUM(D4:I4)

	A	B	C	D	E	F	G	H	I	J
1			上限值天数	30天	90天	180天	365天	2000天	2500天	
2	截止时间:	2013/1/1	下限值天数	0天	30天	90天	180天	365天	2000天	
3	单位名称	期末余额	末笔交易日期	金额	金额	金额	金额	金额	金额	合计
4	公司1	1,000	2007-01-28	0	0	0	0	0	1,000	1,000
5	公司2	2,000	2010-10-06	0	0	0	0	2,000	0	2,000
6	公司3	3,000	2011-01-31	0	0	0	0	3,000	0	3,000
7	公司4	4,000	2011-06-01	0	0	0	0	4,000	0	4,000
8	公司5	5,000	2011-02-02	0	0	0	0	5,000	0	5,000
9	公司6	6,000	2012-11-03	0	6,000	0	0	0	0	6,000
10	公司7	7,000	2012-02-04	0	0	0	7,000	0	0	7,000
11	公司8	8,000	2012-07-05	0	0	0	8,000	0	0	8,000
12	公司9	9,000	2012-05-06	0	0	0	9,000	0	0	9,000
13	公司10	10,000	2010-02-07	0	0	0	0	10,000	0	10,000
14	公司11	11,000	2011-05-08	0	0	0	0	11,000	0	11,000
15	公司12	12,000	2012-02-09	0	0	0	12,000	0	0	12,000
16	公司13	13,000	2012-09-10	0	0	13,000	0	0	0	13,000
17	公司14	14,000	2010-02-11	0	0	0	0	14,000	0	14,000
18	公司15	15,000	2010-12-12	0	0	0	0	15,000	0	15,000
19	合计:	120,000		0	6,000	13,000	36,000	64,000	1,000	120,000

图 3-86　结果表

操作提示:

1. 在 B19 中求"期末余额"。

2. 在单元格 D4 中输入公式"＝IF(AND($B$2－$C4>＝D$2,$B$2－$C4<D$1),$B4,0)",并利用填充柄将 D4 中的公式复制到区域 D4:H18。

3. 在 I4:I19 单元格区域"求和"。

4. 在 H 列的右侧插入一整列时间划分档次。

5. 修改合计公式。

项目四　　图　表

数据图表是由工作表中的数据生成的图形表格,是数据的另一种表现形式。数据以图形方式显示,可使数据更加直观清晰、更加生动有趣,也更便于理解和分析。

知识技能目标

- 掌握图表的创建;
- 掌握图表类型的设定;
- 掌握数据系列的设定;
- 掌握图表格式的设定;
- 掌握图表位置的设定;
- 掌握图表中添加、更改数据的操作。

任务一：创建"新员工销售额统计图"

小朱在老马的指导下,工作渐入佳境,将近年底,需要汇报上班以来的各项工作,为了把总结写得更生动,成绩体现得更直观,小朱想用几个月来的销售表格做一些图表。

一、情景导入

销售情况一般为表格的形式,如果数据较多,则不能直观地对比或清晰的反映排名情况,小朱将新员工的销售情况调查清楚后整理成表格,并在表格的基础上制作了图表,这样,销售情况就一目了然了。

二、相关知识

Excel 2010 提供了 11 种标准图表类型供用户选择,如柱形图、条形图、折线图、饼图、XY 散点图、圆环图、股价图等,每种标准类型中又分别含有若干个子类型(如柱形图有 19 个子类型、条形图有 15 个子类型、圆环图有两个子类型等),共计有 73 个图表类型供不同的用户根据不同的需求选择使用。

图形数据有簇状、堆积、百分比等多种形式，还有二维、三维之分，可组合成用户所需的各种形式，如三维簇状、百分比堆积、三维百分比堆积、三维堆积等等。

数据图表可以非常方便地进行编辑修改与修饰。

1. 图表的种类

在 Excel 中，数据图表有两种：嵌入式图表和独立图表（图表工作表），两者的主要区别是在工作簿中存放的位置不同。

（1）嵌入式图表

嵌入式图表是指数据图表作为一个图形对象直接生成在数据工作表上，可以放置在数据工作表的任何位置。

（2）独立图表

独立图表是指生成在数据工作表之外的图表，该图表作为一个独立的工作表插入到数据工作表所在的工作簿中，又称为图表工作表，其默认名称按插入的先后依次为 Chart1、Chart2、Chart3……

生成独立图表的快捷键是"F11"键。

注意：图表和相应的数据工作表之间会自动维系数据的一致性。一旦数据工作表中的数据发生变化，相应的图表也会立即自动更新。

2. 图表的创建

（1）创建嵌入式图表

若要创建图表，首先需要选定用于创建图表的原始数据区域。单击【插入】|【图表】组，选择要插入的图表类型，Excel 将打开子类型列表，从中选择所需的图表。

（2）创建独立图表

① 选定工作表中用于创建图表的原始数据区域。

② 直接按"F11"键，Excel 即生成一张系统默认图表类型的独立图表。

（3）将嵌入式图表转为独立图表

① 单击已有的嵌入式图表中的任意位置，此时在 Excel 窗口标题栏位置将显示"图表工具"，其中包含"设计""布局"和"格式"三个选项卡。

② 单击【图表工具】|【设计】|【位置】|【移动图表】命令，Excel 弹出"移动图表"对话框，如图 4-1 所示。

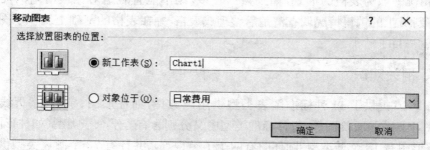

图 4-1 "移动图表"对话框

③ 在"移动图表"对话框中选择"新工作表"单选按钮,单击"确定"按钮即可。

3. 图表的修改

要对已创建完成的图表进行编辑修改时,首先选定图表对象。一旦选定图表对象,窗口将出现"图表工具"选项组。

(1) 在"设计"选项卡的"类型"工具组中可以更改图表类型,在"数据"工具组中可以修改源数据,如图 4-2 所示。

图 4-2 "图表工具"选项组"设计"选项卡

(2) 在"布局"选项卡的"标签"工具组中可对图表标题、坐标轴标题、图例、数据标签以及数据表等进行添加、删除和修改,如图 4-3 所示。

图 4-3 "图表工具"选项组"布局"选项卡

(3) 在"格式"选项卡中可对已创建的图表进行格式修饰:选定图表中要格式修饰的图表对象。在"图表工具"里选择"格式"选项卡,在"当前所选内容"组中选择"设置所选内容格式"命令,在弹出的对话框中选择相应的选项进行设置,即可更改字体、颜色、样式等,如图 4-4 所示。

图 4-4 "图表工具"选项组"格式"选项卡

也可右击图表中要进行格式修饰的图表对象,在弹出的快捷菜单中选择"设置 XX 格式"命令,Excel 将弹出相对应的"格式修饰"对话框。

三、任务实施

Excel 具有快速创建独立图表的功能,在工作表中嵌入图表对于需要多次修改数据的图表比较方便。打开素材文档"新员工销售额统计表. xlsx"的"2017 年"工作表。

1. 快速创建图表

步骤 1:选定"姓名"C2:C27 和"三个月的累计销售额"G2:G27,按"F11"键,快速建立独立图表 Chart1,如图 4-5 所示。

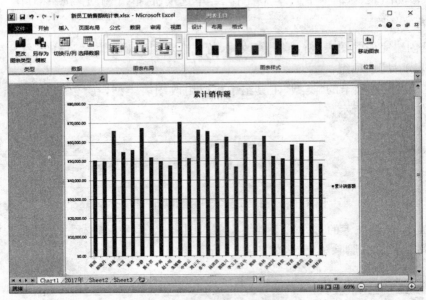

图 4-5　快速建立独立图表

步骤 2：单击"2017 年"工作表标签，回到"2017 年"工作表，选定"标题行"C2：D2、"姓名"及"销售额"单元格区域 C8：D15，单击【插入】|【图表】|【柱形图】命令，打开"柱形图"列表框，在列表中选择"三维簇状柱形图"，如图 4-6 所示，得到嵌入式图表如图 4-7 所示。

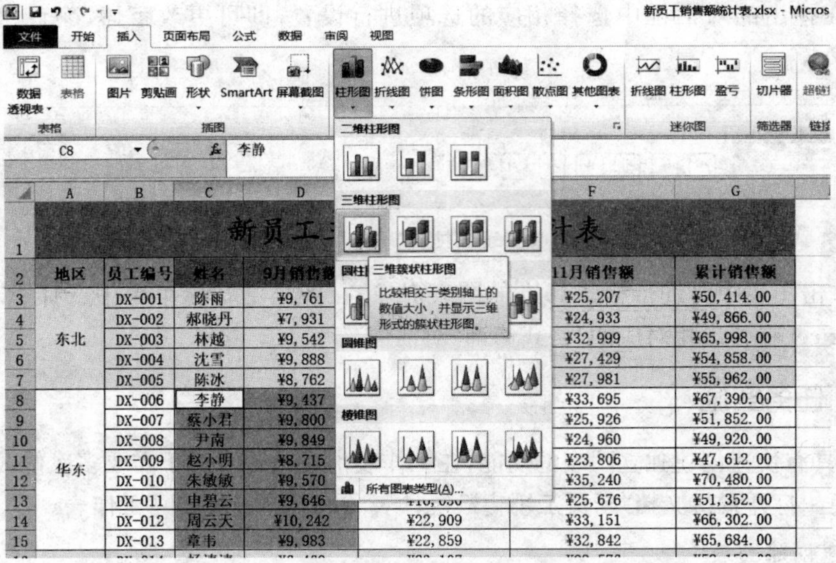

图 4-6　在柱形图列表框中选择"三维簇状柱形图"

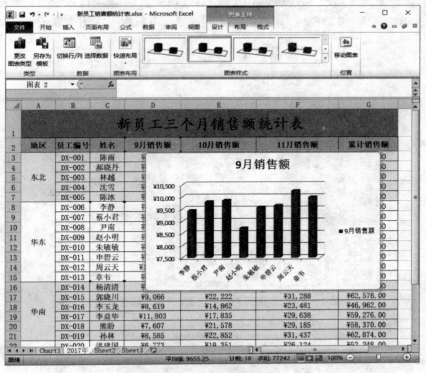

图 4-7　三维簇状柱形图

2. 调整图表的大小和位置

成功插入图表后,还需要调整图表的大小和位置。

步骤 1:在"2017 年"工作表中,将鼠标移动到图表的边框控制点上,当鼠标形状变为双向箭头时,按住鼠标左键不放拖曳即可调整图表的大小;在当前工作表中移动,只要单击图表区并按住鼠标左键不放,拖动到需要的位置再放开鼠标即可。调整图表到 J2:Q15,如图 4-8 所示。

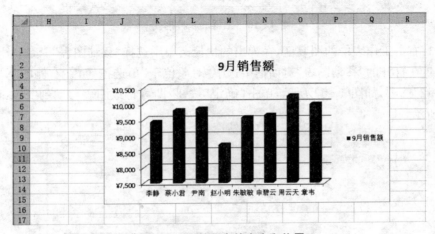

图 4-8　调整图表的大小和位置

步骤 2：选定 C2：F7 单元格区域，单击【插入】|【图表】|【柱形图】命令，打开"柱形图"列表框，在列表中选择"三维堆积柱形图"如图 4-9 所示，得到嵌入式图表如图 4-10 所示。

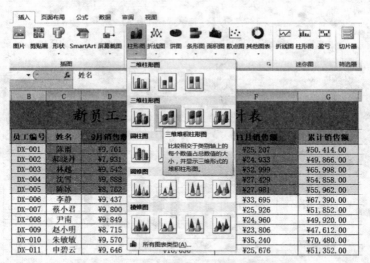

图 4-9　柱形图列表框中选择"三维堆积柱形图"

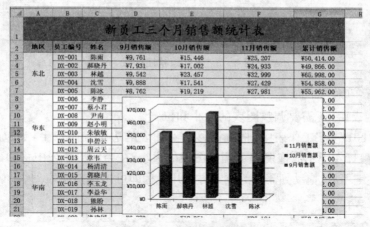

图 4-10　三维堆积柱形图

步骤 3：右击工作表中的图表区，在弹出的快捷菜单中选择"移动图表"命令。

步骤 4：在打开的"移动图表"对话框中选中"对象位于"单选按钮，在右侧的下拉列表中选择"Sheet2"选项，如图 4-11 所示，单击"确定"按钮，即可将该图表移动到"Sheet2"中，如图 4-12 所示。

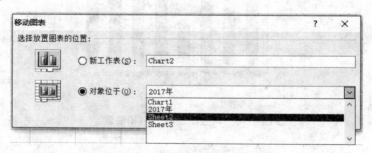

图 4-11　"移动图表"对话框

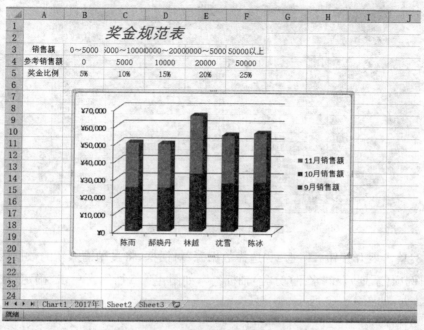

图 4-12 将图表移动到"Sheet2"表中

3. 添加、删除数据源数据

步骤 1:选中"2017 年"工作表中的图表,右击图表区,在弹出的快捷菜单中选择"选择数据"命令,打开"选择数据源"对话框,单击"图标数据区域"右侧的折叠按钮 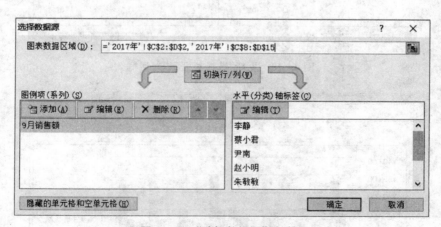 ,如图 4-13 所示。

图 4-13 "选择数据源"对话框

步骤 2:返回 Excel 工作表,重新选择数据源区域 C2:F2,按住"Ctrl"键再继续选择 C8:F15,在折叠的"选择数据源"对话框中显示重新选择的单元格区域,如图 4-14 所示。

地区	员工编号	姓名	9月销售额	10月销售额	11月销售额	累计销售额
				新员工三个月销售额统计表		
东北	DX-001	陈雨	¥9,761	¥15,446	¥25,207	¥50,414.00
	DX-002	郝晓丹	¥7,931	¥17,002	¥24,933	¥49,866.00
	DX-003	林越	¥9,542	¥23,457	¥32,999	¥65,998.00
	DX-004	沈雪	¥9,888	¥17,541	¥27,429	¥54,858.00
	DX-005	陈冰	¥8,762	¥19,219	¥27,981	¥55,962.00
华东	DX-006	李静	¥9,437	¥24,258	¥33,695	¥67,390.00
	DX-007	蔡小君	¥9,800	¥16,126	¥25,926	¥51,852.00
	DX-008	尹南	¥9,849	¥15,111	¥24,960	¥49,920.00
	DX-009	赵小明	¥8,715	¥15,091	¥23,806	¥47,612.00
	DX-010	朱敏敏	¥9,570	¥25,670	¥35,240	¥70,480.00
	DX-011	申碧云	¥9,646	¥16,030	¥25,676	¥51,352.00
	DX-012	周云天	¥10,242	¥22,909	¥33,151	¥66,302.00
	DX-013	章韦	¥9,983	¥22,859	¥32,842	¥65,684.00
华南	DX-014	杨清清				
	DX-015	郭晓川				
	DX-016	李玉龙				
	DX-017	李益华	¥11,803	¥17,835	¥29,638	¥59,276.00
	DX-018	熊盼	¥7,607	¥21,578	¥29,185	¥58,370.00
	DX-019	孙林	¥8,585	¥22,852	¥31,437	¥62,874.00

选择数据源 ? ×

='2017年'!$C$2:$F$2,'2017年'!$C$8:$F$15

图 4 - 14 重新选择图表数据

步骤 3：单击展开按钮 📇，返回"选择数据源"对话框，将自动输入新的数据区域，并添加相应的"图例项（系列）"和"水平（分类）轴标签"，如图 4 - 15 所示。单击"确定"按钮，在图表中添加新数据，如图 4 - 16 所示。

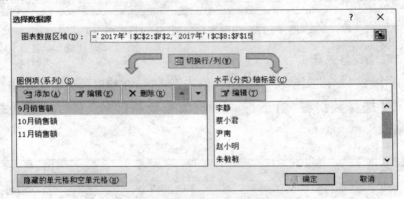

图 4 - 15 更新"选择数据源"对话框

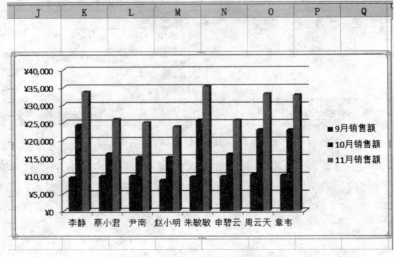

图 4 - 16 添加新数据

步骤4：若只添加一列数据可单击【图表工具】|【设计】|【数据】|【选择数据】命令，在打开的"选择数据源"对话框中单击"添加"命令。

步骤5：打开"编辑数据系列"对话框，单击"系列名称"栏右侧的折叠按钮 ，在"2017年"工作表中选择G2单元格；单击"系列值"栏右侧的折叠按钮 ，在"2017年"工作表中选择G8；G15单元格区域，如图4-17所示。单击"确定"按钮，即可添加一列数据。

图4-17 "编辑数据系列"对话框

步骤6：返回"选择数据源"对话框，显示选择的全部单元格区域，如图4-18所示。单击"确定"按钮，得到图表如图4-19所示。

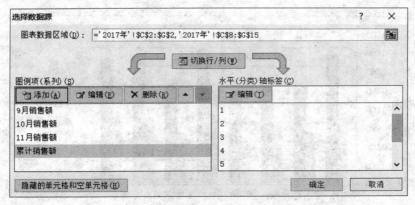

图4-18 选择系列名称和系列值

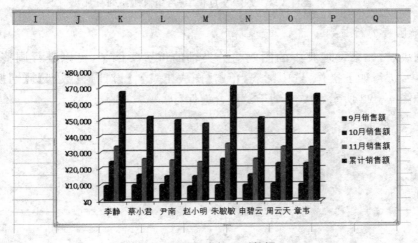

图4-19 增加一列数据

步骤7:单击图表中"9月销售额"的任意一个柱状图形(即选定"9月销售额"系列),此时图表中每个职员的"9月销售额"柱状图形都有控点,如图4-20所示。按"Delete"键,可删除"9月销售额"系列。用相同的方法删除10月销售额系列,如图4-21所示。

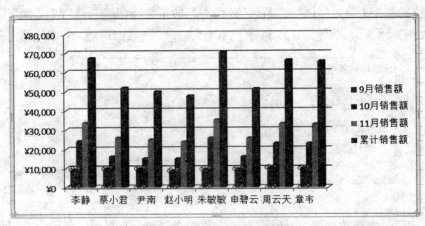

图4-20 选定"9月销售额"系列

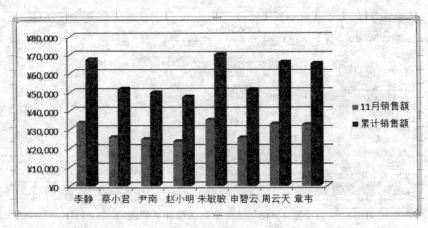

图4-21 删除9月和10月销售额系列

4. 交换图表的行与列

创建图表后,如果发现其中的图例与分类轴的位置颠倒了,可以进行调整。在"2017年"工作表中,进行如下操作:选中图表,单击【图表工具】|【设计】|【数据】|【切换行/列】命令。结果如图4-22所示。按"Ctrl+S"组合键保存。

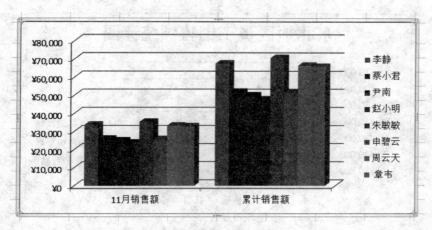

图 4 - 22 交换图表的行与列

5. 添加并修饰图表标题

在"Sheet2"工作表中为图表添加图表标题等布局元素,以显示更多信息,同时也达到使图表更加美观的目的。给"Sheet2"中的图表添加标题"东北地区员工销售额统计图",为 X 轴(横坐标轴)添加标题"职员姓名",为 Y 轴(纵坐标轴)添加标题"销售额(万)"。

步骤 1:单击图表将其选中,单击【图表工具】|【布局】|【标签】|【图表标题】命令,如图 4 - 23 所示。

图 4 - 23 "标签"工具组"图表标题"命令

步骤 2:在弹出的菜单列表中选择"图表上方",则在图表中生成"图表标题"文本框。修改文本框里的内容为:东北地区员工销售额统计图。

步骤 3:单击文本框外(图表区)任意处即可确定输入。

步骤 4:单击【图表工具】|【布局】|【标签】|【坐标轴标题】|【主要横坐标轴标题】|【坐标轴下方标题】命令,则在图表中横坐标轴的下方生成"坐标轴标题"文本框。修改文本框里的内容为:职员姓名。

步骤 5:单击文本框外(图表区)任意处即可确定输入。

步骤 6:单击【图表工具】|【布局】|【标签】|【坐标轴标题】|【主要纵坐标轴标题】|【旋转过的标题】命令,则在图表中纵坐标轴的左边生成旋转 90°的"坐标轴标题"文本框。修改文本框里的内容为:销售额(万)。

步骤 7:单击文本框外(图表区)任意处即可确定输入,结果如图 4 - 24 所示。

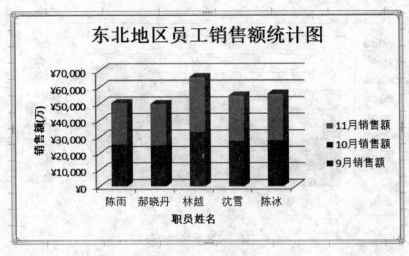

图 4 - 24　添加了标题的图表

步骤 8：右击图表中的纵坐标，在弹出的快捷菜单中选择"设置坐标轴格式"命令，在打开的"设置坐标轴格式"对话框的"坐标轴选项"选项卡中设置"显示单位"为"10000"，勾选"在图表上显示刻度单位标签"复选框，如图 4 - 25 所示。单击"关闭"按钮，图表纵坐标变化如图 4 - 26 所示。

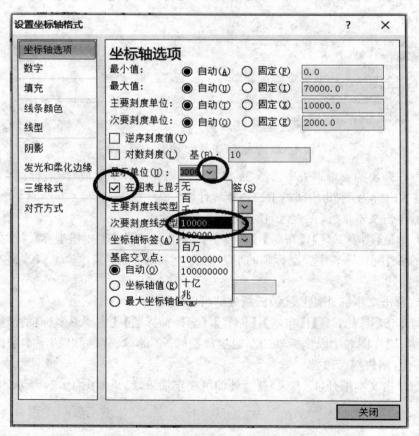

图 4 - 25　"设置坐标轴格式"对话框

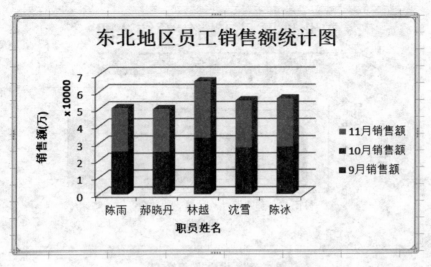

图4-26　纵坐标轴设置效果

6. 设置图例

步骤1：单击图表将其选中，单击【图表工具】|【布局】|【标签】|【图例】|【在顶部显示图例】命令，则图表中的图例移至图表的上方，结果如图4-27所示。

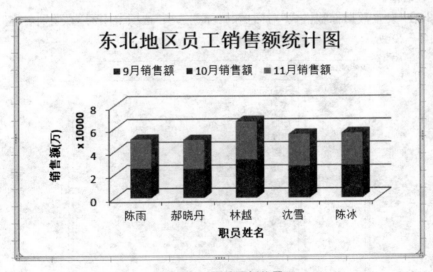

图4-27　更改图例位置

步骤2：右击图例，在弹出的快捷菜单中选择"设置图例格式"命令，打开"图例"对话框，设置图例格式为：渐变填充颜色"薄雾浓云"，类型"线性"，方向"线性向上"，边框颜色"深蓝"，边框样式宽度"2磅"，短画线类型"圆点"，阴影"左下斜偏移"。单击"关闭"按钮，效果如图4-28所示。

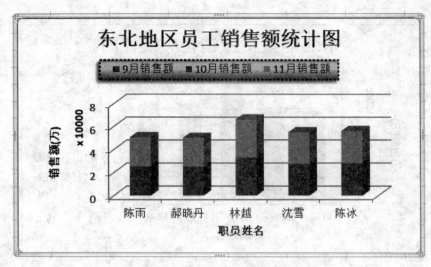

图 4 - 28　设置"图例格式"

7. 添加数据标签

步骤 1：选中"Sheet2"工作表中的图表，单击任意"11 月销售额"柱，选中"11 月销售额"序列，单击【图表工具】|【布局】|【标签】|【数据标签】|【其他数据标签】命令，弹出"设置数据标签格式"对话框。

步骤 2：在"设置数据标签格式"对话框的"标签选项"选项卡中勾选"类别名称"和"值"复选框，如图 4 - 29 所示。

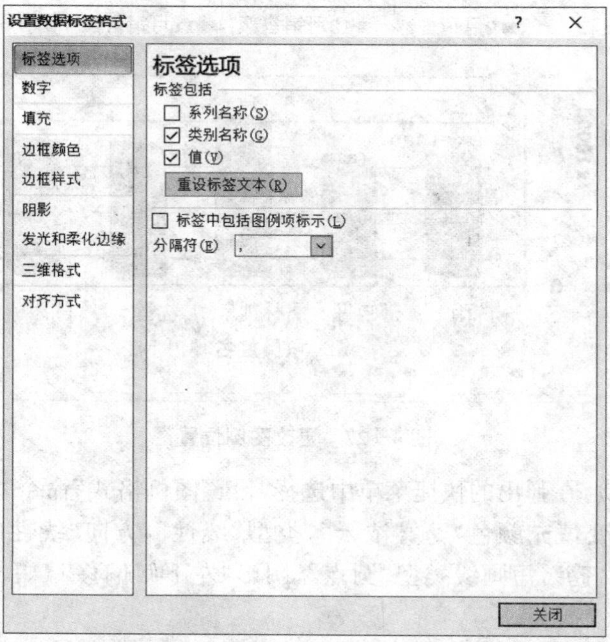

图 4 - 29　"设置数据标签格式"对话框"标签选项"选项卡

步骤 3：在"设置数据标签格式"对话框的"数字"选项卡中，设置类别为数字，小数位数为 1 位，如图 4-30 所示。单击"关闭"按钮，效果如图 4-31 所示（图表被加长加高）。

图 4-30　"设置数据标签格式"对话框"数字"选项卡

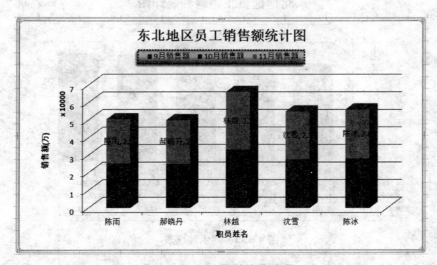

图 4-31　设置"数据标签"

8. 设置图表布局和样式

步骤 1：右击"Sheet2"工作表标签，在快捷菜单中选择"移动或复制"命令，在弹出的"移动或复制工作表"对话框的"下列选定工作表之前"中选择"Sheet2"，勾选"建立副本"复选框，如图 4-32 所示。单击"确定"按钮，复制"Sheet2"工作表。

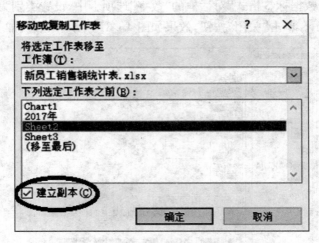

图 4-32　"移动或复制工作表"对话框

步骤 2：选中"Sheet2(2)"工作表中的图表，单击【图表工具】|【设计】|【图表布局】|【其他】命令 ▾，在弹出的"快速布局库"下拉列表中选择"布局 5"。

步骤 3：将图表标题改为"东北地区员工销售额统计图"，纵坐标的标题改为"销售额（万）"，如图 4-33 所示。

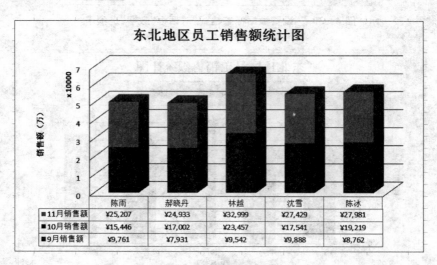

图 4-33　显示数据表

步骤 4：单击【图表工具】|【设计】|【图表样式】|【其他】命令 ▾，在弹出的"快速样式库"下拉列表中选择"样式 16"，如图 4-34 所示。

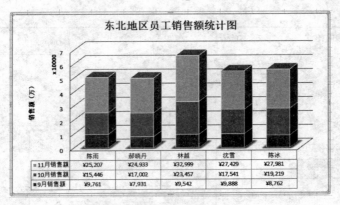

图 4 - 34 快速设置样式

9. 设置图表区与绘图区的格式

图表区是放置图表及其他元素(包括标题与图形)的大背景,绘图区是放置图表主体的背景。对已创建的图表可以进行格式修饰。

步骤 1:单击选定"Sheet2"工作表中的图表,单击【图表工具】|【格式】|【当前所选内容】的图表元素下拉列表框中选择"图表区",选择图表的图表区。

步骤 2:单击【图表工具】|【格式】|【当前所选内容】|【设置所选内容格式】命令按钮,弹出"设置图表区格式"对话框。

步骤 3:在"设置图表区格式"对话框的"填充"选项卡中选择"图案填充"中的"苏格兰方格呢",前景色"红色,强调文字颜色 2,淡色 80%",背景色"白色,背景 1",如图 4 - 35 所示。"三维格式"选项卡中选择棱台顶端"松散嵌入",如图 4 - 36 所示。单击"关闭"按钮,设置图表区格式效果如图 4 - 37 所示。

图 4 - 35 "设置图表区格式"对话框填充选项卡

图 4–36 "设置图表区格式"对话框"三维格式"选项卡

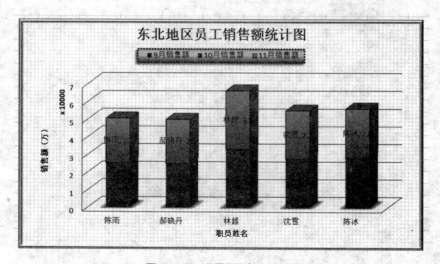

图 4–37 设置"图表区格式"

步骤4：在【图表工具】|【格式】|【当前所选内容】图表元素的下拉列表框中选择"绘图区"，选择图表的绘图区。

步骤5：单击【图表工具】|【格式】|【当前所选内容】|【设置所选内容格式】命令按钮，弹出"设置绘图区格式"对话框，按上述设置方法，设置填充"纹理""新闻纸"，边框颜色"实线""蓝色"，边框样式"宽度""1.5磅"，设置绘图区格式后效果如图4－38所示。按"Ctrl＋S"组合键保存。

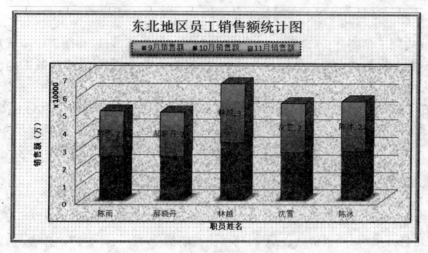

图4－38　设置"绘图区格式"

任务二：股价变化折线图

一、情景导入

小朱购买了公司的股票，时常关心股价的波动。他制作了一天的股票成交价波动图表（简化方式），用来观察股票价格。

二、相关知识

1. 股票的一般常识

股票是一种由股份制有限公司签发的用以证明股东所持股份的凭证，它表明股票的持有者对股份公司的部分资本拥有所有权。由于股票包含有经济利益且可以上市流通转让，故股票也是一种有价证券。我国上市公司的股票在上海证券交易所和深圳证券交易所发行，投资者一般在证券经纪公司开户交易。

开盘价：以竞价阶段第一笔交易价格为开盘价，如果没有成交，以前一日收盘价为开盘价。

收盘价：每天成交中最后一笔股票交易的价格为收盘价。

最高价：是指当日所成交的价格中的最高价位。有时最高价只有一笔，有时不止一笔。

最低价：是指当日所成交的价格中的最低价位。有时最低价只有一笔，有时不止一笔。

2．折线图

图表中的折线图可以显示随时间变化的连续数据（根据常用比例设置），因此非常适用于显示在相等时间间隔下数据的变化趋势。在折线图中，类别数据沿水平轴均匀分布，值数据沿垂直轴均匀分布。

3．趋势线

趋势线应用于预测分析（也称回归分析）。利用回归分析，可以在图表中生成趋势线，可以根据实际数据向前或向后模拟数据的走势，还可以生成移动平均，清除数据的波动，更清晰地显示图案和趋势。

可以在非堆积型二维面积图、条形图、柱形图、折线图、股价图、气泡图和 XY（散点）图中为数据系列添加趋势线，但不可以在三维图表、堆积型图表、雷达图、饼图或圆环图中添加趋势线。

三、任务实施

创建折线图表

步骤 1：打开素材"股票价格表.xlsx"的"成交明细 2017-10-30"工作表，选定 A1：B19 单元格区域，单击【插入】|【图表】|【折线图】命令，打开"二维折线图"列表框，在列表中选择"带数据标记的折线图"，如图 4-39 所示，得到嵌入式折线图，如图 4-40 所示。

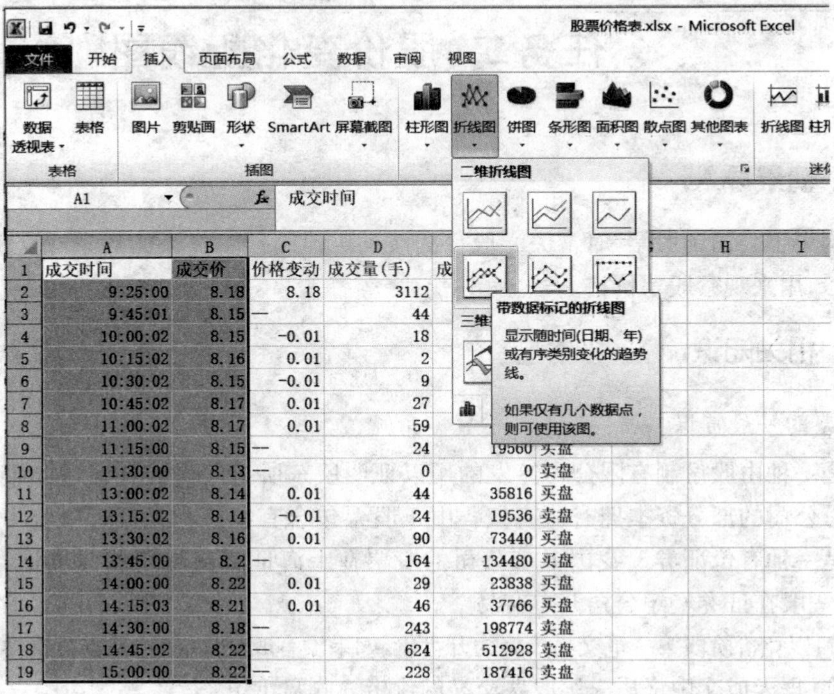

图 4-39 "插入"选项卡"图表"组中的"折线图"

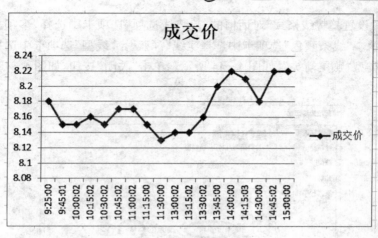

图 4-40 创建折线图

步骤 2:调整图表大小和位置到 G3:P19,设置图表为快速样式"样式 23",如图 4-41
所示。

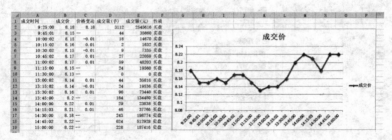

图 4-41 设置快速样式

步骤 3:选定图表中需要添加趋势线的数据系列,单击【图表工具】|【布局】|【分析】|【趋
势线】命令按钮,在弹出的下拉列表中选择"其他趋势线选项",如图 4-42 所示。

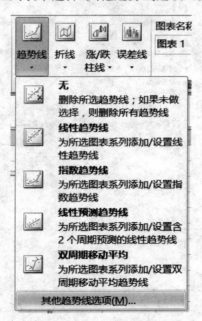

图 4-42 添加"趋势线"命令

步骤 4：在"设置趋势线格式"对话框的"趋势线选项"选项卡中选择"多项式"，顺序"3"，如图 4-43 所示。"线条颜色"选项卡中选择实线"深蓝"。"线型"选项卡中选择宽度"2 磅"，箭头设置后端类型"燕尾箭头"，如图 4-44 所示。单击"关闭"按钮，如图 4-45 所示，折线图添加了趋势线。

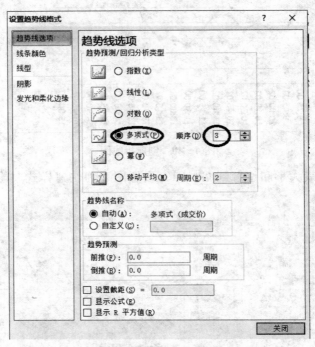

图 4-43　"趋势线选项"选项卡

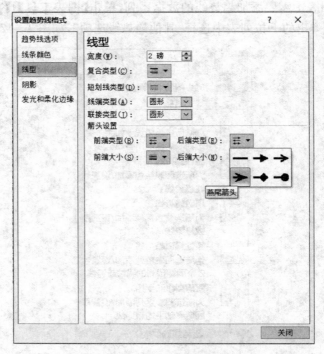

图 4-44　"线型"选项卡

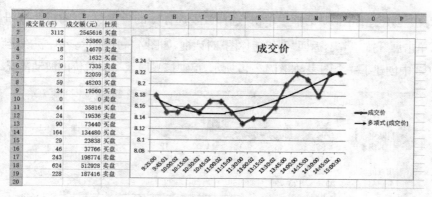

图 4-45 折线图添加了趋势线

 任务三:在股票情况表中插入迷你图

一、情景导入

小朱发现公司股票在最近的一次股市行情中并不是涨得最好的一只股票,于是就找到几只较有潜力的科技股制作了一个迷你图表,从中找出各股票的波动情况。

二、相关知识

迷你图是工作表中的一个微型图表,可以提供数据的直观表现。使用迷你图可以显示数值系列的趋势(如季节性增加或减少、经济周期等),也可以突出显示最大值和最小值。在数据旁边添加迷你图可以达到最佳的对比效果。

三、任务实施

1. 创建迷你图

步骤 1:打开"股票行情表.xlsx"的"2017-10-10"工作表,选定 B3:F3 单元格区域,单击【插入】|【迷你图】|【折线图】命令,如图 4-46 所示,弹出"创建迷你图"对话框。

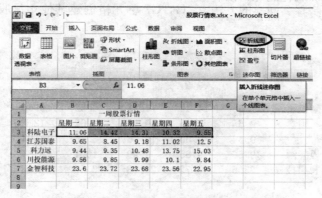

图 4-46 插入"折线迷你图"命令按钮

步骤 2:在"创建迷你图"对话框中单击"选择放置迷你图的位置"右侧的折叠按钮,选择 G3 单元格,单击展开按钮，返回"创建迷你图"对话框,如图 4 - 47 所示。单击"确定"按钮。此时,单元格 G3 中创建了一个图表,如图 4 - 48 所示,反映该只股票一周股价的波动情况。

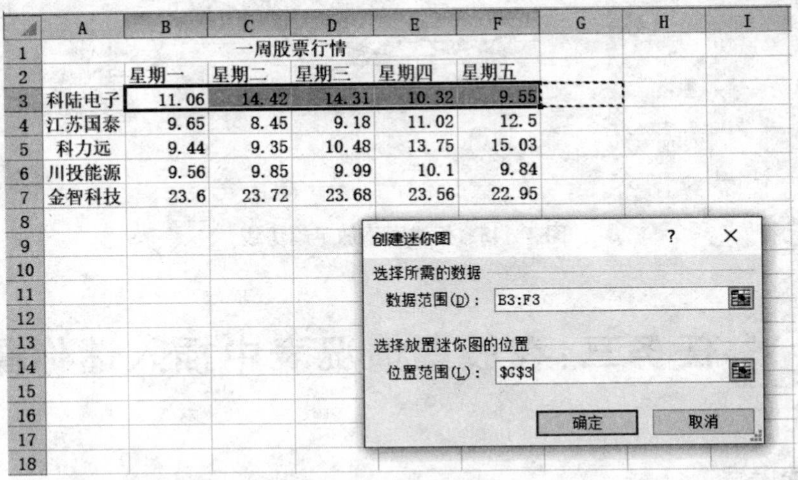

	A	B	C	D	E	F	G	H	I
1			一周股票行情						
2		星期一	星期二	星期三	星期四	星期五			
3	科陆电子	11.06	14.42	14.31	10.32	9.55			
4	江苏国泰	9.65	8.45	9.18	11.02	12.5			
5	科力远	9.44	9.35	10.48	13.75	15.03			
6	川投能源	9.56	9.85	9.99	10.1	9.84			
7	金智科技	23.6	23.72	23.68	23.56	22.95			

创建迷你图 ? ×

选择所需的数据
数据范围(D)： B3:F3

选择放置迷你图的位置
位置范围(L)： $G$3

确定　　取消

图 4 - 47　"创建迷你图"对话框

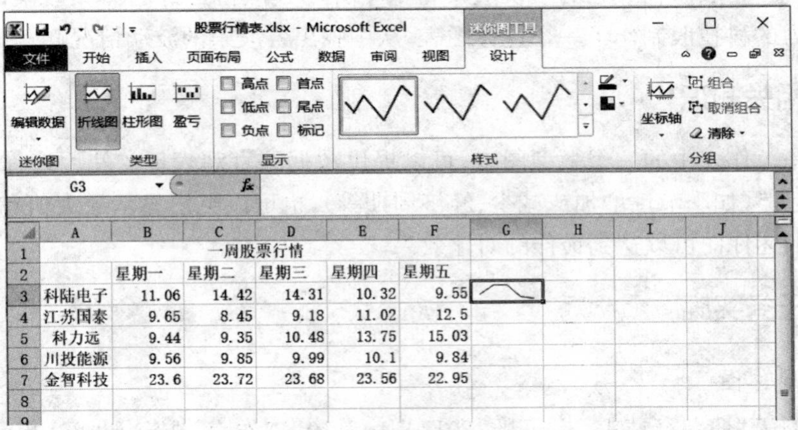

图 4 - 48　创建迷你图 1

步骤 3:使用与步骤 2 同样的方法,在 G4:G7 单元格创建其他 4 只股票的折线迷你图,如图 4 - 49 所示。

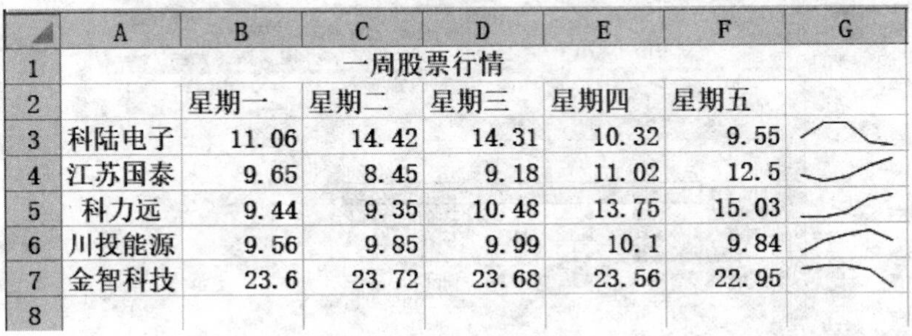

	A	B	C	D	E	F	G
1				一周股票行情			
2		星期一	星期二	星期三	星期四	星期五	
3	科陆电子	11.06	14.42	14.31	10.32	9.55	
4	江苏国泰	9.65	8.45	9.18	11.02	12.5	
5	科力远	9.44	9.35	10.48	13.75	15.03	
6	川投能源	9.56	9.85	9.99	10.1	9.84	
7	金智科技	23.6	23.72	23.68	23.56	22.95	

图 4 - 49　创建迷你图 2

步骤 4：选定 B3：F3 单元格区域，使用步骤 2 的方法在 H3 单元格创建迷你折线图，如图 4-50 所示。

	A	B	C	D	E	F	G	H	I
1				一周股票行情					
2		星期一	星期二	星期三	星期四	星期五			
3	科陆电子	11.06	14.42	14.31	10.32	9.55			
4	江苏国泰	9.65	8.45	9.18	11.02	12.5			
5	科力远	9.44	9.35	10.48	13.75	15.03			
6	川投能源	9.56	9.85	9.99	10.1	9.84			
7	金智科技	23.6	23.72	23.68	23.56	22.95			
8									

图 4-50　创建迷你图 3

步骤 5：选中 H3 单元格，按住单元格填充柄向下填充，得到如图 4-51 所示的迷你图组。

	A	B	C	D	E	F	G	H	I
1				一周股票行情					
2		星期一	星期二	星期三	星期四	星期五			
3	科陆电子	11.06	14.42	14.31	10.32	9.55			
4	江苏国泰	9.65	8.45	9.18	11.02	12.5			
5	科力远	9.44	9.35	10.48	13.75	15.03			
6	川投能源	9.56	9.85	9.99	10.1	9.84			
7	金智科技	23.6	23.72	23.68	23.56	22.95			
8									

图 4-51　创建迷你图 4

2. 更改迷你图类型

选中 H3 单元格，即选中迷你图组 H3：H7 单元格区域，单击【迷你图工具】|【设计】|【类型】组中的"柱形图"命令，将折线图更改为柱形图，如图 4-52 所示。

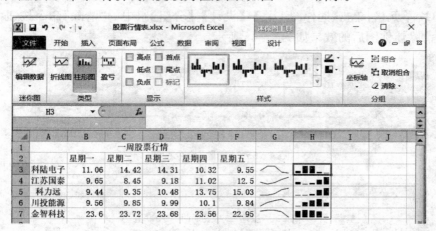

图 4-52　更改迷你图类型

3. 显示迷你图中不同的点

步骤 1：选择 G3 单元格，在【迷你图工具】|【设计】|【显示】组中选中"高点"和"低点"复选框，如图 4-53 所示。

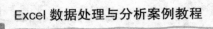

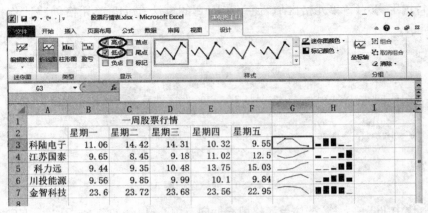

图 4 - 53　显示高点和低点 1

步骤 2:使用与步骤 1 相同方法,显示其他折线图的高点和低点,如图 4 - 54 所示。

	A	B	C	D	E	F	G	H
1				一周股票行情				
2		星期一	星期二	星期三	星期四	星期五		
3	科陆电子	11.06	14.42	14.31	10.32	9.55		
4	江苏国泰	9.65	8.45	9.18	11.02	12.5		
5	科力远	9.44	9.35	10.48	13.75	15.03		
6	川投能源	9.56	9.85	9.99	10.1	9.84		
7	金智科技	23.6	23.72	23.68	23.56	22.95		
8								

图 4 - 54　显示高点和低点 2

4. 清除迷你图

选中 G7 单元格,单击【迷你图工具】|【设计】|【分组】组中的"清除"命令按钮,如图 4 -
55 所示。清除迷你图后的效果如图 4 - 56 所示。

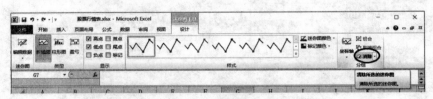

图 4 - 55　"清除"命令按钮

	A	B	C	D	E	F	G	H
1				一周股票行情				
2		星期一	星期二	星期三	星期四	星期五		
3	科陆电子	11.06	14.42	14.31	10.32	9.55		
4	江苏国泰	9.65	8.45	9.18	11.02	12.5		
5	科力远	9.44	9.35	10.48	13.75	15.03		
6	川投能源	9.56	9.85	9.99	10.1	9.84		
7	金智科技	23.6	23.72	23.68	23.56	22.95		

图 4 - 56　清除迷你图后的效果

实训一：制作公司日常费用分析图

【实训目标】

小朱要对公司几年来日常费用使用情况做一个全面的分析。拿到公司统计表格后，小朱打算用图表来分析对比数据，直观地显示各项数据。

要完成实训，需要利用饼图和条形图，突出显示数据所占百分比，还要熟练掌握设置图表布局和格式等操作。实训完成的最终效果如图 4-57 和图 4-58 所示。

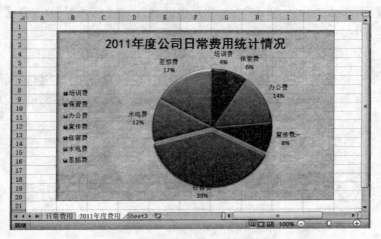

图 4-57 嵌入式图表最终效果 1

项 目	2011年度	2012年度	2013年度	2015年度	2016年度	2017年度	合 计
培训费	9069	10862	12405	17630	19295	21349	90610
保管费	14324	49218	51485	40814	73590	81798	311229
办公费	34326	17889	22802	85577	3308	29196	193098
宣传费	20651	3173	74847	96100	62906	61313	318990
住宿费	94572	58748	87439	62914	17014	92364	413051
水电费	30137	43278	62887	24519	3921	57778	222520
差旅费	40837	69705	30740	35037	93569	75627	345515
合 计	243916	252873	342605	362591	273603	419425	1895013

图 4-58 嵌入式图表最终效果 2

操作提示：

打开"公司日常费用表. xlsx"，在"日常费用"工作表中选定 A2:B9 单元格区域，单击【插入】|【图表】|【饼图】，在下拉菜单中选择"二维饼图"中的"饼图"命令，创建饼图。

设置饼图为快速样式 26。

将图表放置在 B12:H30 单元格区域，标题改为"2011 年度公司日常费用统计情况"，黑体，20 号；图例在左侧显示；设置数据标签显示类别名称、百分比，显示引导线。图表区填充纹理纸"莎草纸"，透明度"30％"。阴影为"内部左上角"，"扇形分离"。

将图表移动到"Sheet2"中，放置在 B2:J20 单元格区域，将"Sheet2"工作表标签改为"2011 年度费用"。

在"日常费用"工作表中选定 A2:G4 单元格区域，单击【插入】|【图表】|【条形图】，在下拉菜单中选择"圆柱图"中的"簇状水平圆柱图"命令，创建条形图。

将图表放置在 B13:H28 单元格区域，标题改为"年度费用对比图"。艺术字快速样式"填充－无，轮廓－强调文字颜色 2"，18 号。纵坐标轴显示次要网格线，设置横坐标轴显示刻度单位"千"。背景墙图案填充"大网格"，前景色"黄色"。图表区边框颜色"橙色"，边框样式"宽度 3 磅，圆角"。

添加 2011～2017 年的住宿费和宣传费到图表中。

实训二：制作地区账目分析表

【实训目标】

小朱要对公司不同地区账目情况做一个全面的分析。拿到公司统计表格后，小朱打算用圆环图表来分析对比数据，直观地显示各项数据。

要完成本次实训，需要利用圆环图，突出显示数据所占百分比，还要熟练掌握设置图表布局和格式等操作。实训完成的最终效果如图 4－59 和图 4－60 所示。

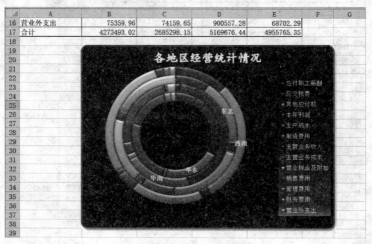

图 4－59 嵌入式图表的最终效果

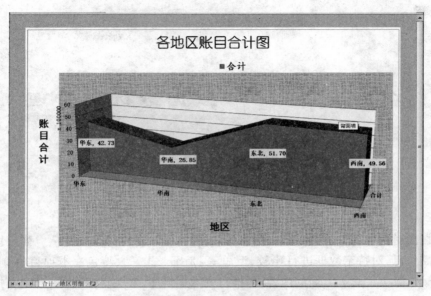

图 4 - 60　独立式图表的最终效果

操作提示：

打开"经营账目表.xlsx"，在"地区明细"工作表中选定 A3:E16 单元格区域，单击【插入】【图表】【其他图表】，在下拉菜单中选择"圆环图"中的"圆环图"命令，创建圆环图。

设置圆环图为快速样式 42。

将图表放置在 B19:F38 单元格区域，添加标题为"各地区经营统计情况"，楷体，20 号；图例在右侧显示，设置图例填充渐变"红日西斜"；部分数据标签显示类别名称，宋体，10 号，加粗。图表区边框颜色"红色"，边框样式"宽度 2.5 磅，圆角"。

在"地区明细"工作表中选定 A3:E3 和 A17:E17 单元格区域，单击【插入】【图表】【面积图表】，在下拉菜单中选择"三维面积图"中的"三维面积图"命令，创建三维面积图。

单击【图表工具】【设计】【位置】【移动图表】，将图表移动到新图表 Chart1，将工作表标签改为"合计"。

设置三维面积图为快速样式 40。

修改标题为"各地区账目合计图"，幼圆，加粗，28 号；图例在顶部显示，楷体，20 号，加粗；设置绘图区填充纹理"画布"。横坐标标题为"地区"，黑体，20 号，加粗；纵坐标标题为"账目合计"黑体，20 号，加粗。纵坐标显示单位：100000，主要刻度类型外部，次要刻度线类型外部，横、纵坐标标签宋体，12 号。数据标签显示类别名称和值，宋体，12 号，加粗，纯色填充"茶色，背景 2"。

项目五　　　　　数据分析与管理

我们在面对包含成千上万条数据信息的表格时,经常会显得无所适从。如何快速查找、筛选出所需信息,对特定数据进行比较、汇总等,是 Excel 一大特色。本项目将介绍数据排序、数据筛选、分类汇总等方面的内容,包括行列数据排序、多关键字排序、自定义排序、自动筛选、高级筛选、分类汇总的创建与显示以及数据透视表的使用。

知识技能目标

- 熟悉并掌握数据排序的方法;
- 熟悉并掌握自动筛选和高级筛选功能;
- 熟悉并掌握数据透视图表的使用方法;
- 熟悉并掌握分类汇总的方法。

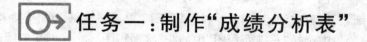 任务一:制作"成绩分析表"

一、情景导入

李方是某传媒学院教务处的工作人员,播音系提交了 2017 级 4 个播音专业教学班的期末成绩单,为更好地掌握各个教学班学习的整体情况,教务处领导要求她制作成绩分析表,供学院领导掌握宏观情况。

二、相关知识

1. 数据清单

所谓数据清单,就是包含有关数据的一系列工作表数据行。当对工作表中的数据进行排序、分类汇总时,Excel 会将数据清单看成数据库来处理。数据清单中的行被当成数据库中的记录,数据清单中的列被看做对应数据库的字段,数据清单中的列名称作为数据库中的字段名称。

（1）使用记录单

记录单可以提供简捷的方法在数据清单中一次输入或显示一个完整的信息行，即记录。在使用记录单向新数据清单添加记录时，这个数据清单的每一列的最上面必须有标志。Excel 使用这些标志来生成记录单上的字段。

使用记录单功能先要添加相关按钮，操作步骤如下：

① 单击"文件"菜单，在下拉菜单中点击"选项"，弹出"Excel 选项"对话框，如图 5-1 所示。

② 在"Excel 选项"对话框中点击"快速访问工具栏"选项卡，然后在右侧的"从下列位置选择命令"下拉框中选择"不在功能区中的命令"。

③ 下拉滑块，找到"记录单"功能，单击"添加"按钮，将其添加到"快速访问工具栏"，单击"确定"按钮，这时我们可以看到快速访问工具栏上添加了"记录单"按钮，如图 5-1 所示。

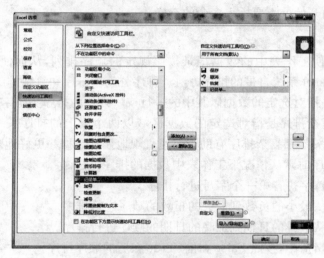

图 5-1　"Excel 选项"对话框

④ 单击快速访问工具栏上的"记录单"按钮，弹出"记录单"对话框，如图 5-2 所示。

图 5-2　"记录单"对话框

⑤ 单击"新建"按钮,输入新记录所包含的信息。完成数据输入后,按"Enter"键继续添加记录。

（2）建立数据清单的准则

Excel 提供了一系列功能,可以很容易地在数据清单中处理和分析数据。但在运用这些功能时,必须按照下述准则在数据清单中输入数据。

① 避免在一个工作表上建立多个数据清单。

② 在工作表的数据清单与其他数据间至少留出一个空白列和一个空白行。

③ 避免在数据清单中放置空白行和列。

④ 避免将关键数据放到数据清单左右两侧。

⑤ 在数据清单的第一行里创建列标志。

⑥ 使用带格式的列标。

⑦ 在单元格的开始处不要插入多余的空格。

2. 数据排序

数据排序可以使工作表中的数据记录按照规定的顺序排列,从而使工作表条理清晰。默认排序顺序是 Excel 系统自带的排序方法。排序分简单排序和复杂排序两种。

• 简单排序是指对选定的数据以其中的一行或一列作为排序关键字进行排序的方法。

• 多关键字复杂排序是指对选定的数据区域以两个以上的排序关键字按行或列进行排序的方法。按多关键字复杂排序有助于快速直观地显示数据并更好地理解数据。

下面是升序排序时默认情况下工作表中数据的排序方法。

• 文本:按照首字拼音第一个字母进行排序。

• 数字:按照从最小的负数到最大的正数的顺序进行排序。

• 日期:按照从最早的日期到最晚的日期的顺序进行排序。

• 逻辑:在逻辑值中,按照 False 在前、True 在后的顺序排序。

• 空白单元格:按照升序排序和按照降序排序时都排在最后。

降序排序时,默认情况下工作表中数据的排序方法与升序排序时的排序方法相反。

三、任务实施

1. 按列简单排序

按列简单排序是指对选定的数据以所选定数据的第一列数据作为排序关键字进行排序的方法。按照列简单排序可以使数据结构更加清晰,便于查找。具体操作步骤如下:

打开"2017 级播音期末成绩表"工作簿,单击数据区域中"平均分"列中任意一个单元格,单击【数据】|【排序和筛选】|【降序】命令,所有数据将按平均分由高到低进行排序,如图 5 - 3 所示。

班级	学号	姓名	英语	体育	计算机	传播学	播音创作	形体	总分	平均分
\multicolumn{11}{c}{2017级播音专业学生期末成绩分析表}
播音一班	1701027	娄欣	88	90	93	88	92	90	541	90
播音二班	1702012	张蕊	87	87	93	91	90	89	537	89
播音三班	1703001	刘旭	85	86	93	84	95	93	536	89
播音三班	1703014	陈辰	80	95	93	85	94	89	535	89
播音二班	1702010	李磊丽	86	92	90	82	89	88	527	88
播音二班	1702034	梁会会	87	88	87	80	95	88	525	87
播音一班	1701015	盛雅	88	91	82	87	93	84	524	87
播音二班	1702013	李一	85	85	93	84	93	84	524	87
播音一班	1701021	刘璐璐	85	85	94	92	86	81	522	87
播音一班	1701025	高琳	91	91	80	85	89	84	520	87
播音一班	1701018	王晓亚	83	92	86	87	89	85	518	86
播音二班	1702008	李雪薇	90	91	78	89	90	82	518	86
播音一班	1701017	史二映	85	87	94	77	90	85	516	86
播音三班	1703022	远晴晴	84	94	79	83	82	94	515	86
播音一班	1702004	李蕾	79	89	84	87	90	85	515	86
播音二班	1702016	昂晓燕	88	88	86	85	89	79	515	86
播音三班	1703009	郭艳超	90	84	94	74	87	87	515	86

图 5-3　期末成绩表

2. 按行简单排序

按行简单排序是指对选定的数据以其中的一行作为排序关键字进行排序的方法。按行简单排序可以快速直观地显示数据并更好地理解数据。具体操作步骤如下：

步骤1：打开要进行单行排序的工作表，单击数据区域中的任意一个单元格，单击【数据】|【排序和筛选】|【自定义排序】命令，打开"排序"对话框，如图5-4所示。

图 5-4　"排序"对话框

步骤2：在"排序"对话框中，单击"选项"按钮，弹出"排序选项"对话框，选中"按行排序"选项，单击"确定"按钮，如图5-5所示。

图 5-5　"排序选项"对话框

步骤3：返回"排序"对话框，单击"主要关键字"列表框右侧的向下箭头，在弹出的下拉列表中选择作为排序关键字的选项，如"行3"。在"次序"列表框中选择"升序"或"降序"选项，单击"确定"按钮，如图5-6所示。

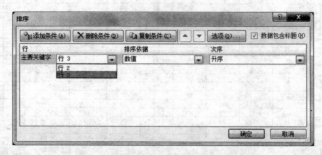

图 5-6　设置排序关键字

步骤4：最终排序结果如图5-7所示。

图 5-7　最终排序结果

3. 多关键字复杂排序

下面以"2017级播音"表中的"总分"降序排列，总分相同的按"计算机"的分数降序排列为例。具体操作步骤如下：

步骤1：单击数据区域中的任意一个单元格，单击【数据】|【排序和筛选】|【自定义排序】命令，弹出"排序"对话框。

步骤2：在排序对话框的"主要关键字"下拉列表框中选择排序的首要条件，如"总分"，将"排序依据"设置为"数值"，将"次序"设置为"降序"。

步骤3：单击"添加条件"按钮，在"排序"对话框中添加次要条件，将"次要关键字"设置为"计算机"，将"排序依据"设置为"数值"，将"次序"设置为"降序"，如图5-8所示。

图 5-8　添加排序条件

步骤4：单击"确定"按钮，即可看到按"总分"降序排列，总分相同时再按"计算机"的分数降序排列，如图5-9所示。

	A	B	C	D	E	F	G	H	I	J	K	L
1				2017级播音专业学生期末成绩分析表								
2	班级	学号	姓名	英语	体育	计算机	传播学	播音创作	形体	总分	平均分	
3	播音一班	1701027	姜欣	88	90	93	88	92	90	541	90	
4	播音一班	1702012	张蕊	87	87	93	91	90	89	537	89	
5	播音三班	1703001	刘旭	85	86	93	84	95	93	536	89	
6	播音一班	1703014	陈辰	80	95	93	85	94	89	535	89	
7	播音二班	1702010	李嘉丽	86	92	90	82	89	88	527	88	
8	播音二班	1702034	梁会会	87	88	87	80	95	88	525	87	
9	播音一班	1701015	盛雅	88	91	82	87	93	84	524	87	
10	播音二班	1702013	李一	85	85	93	84	93	84	524	87	
11	播音一班	1701021	刘璐璐	85	85	94	92	86	81	522	87	
12	播音一班	1701025	高琳	91	91	80	85	89	84	520	87	
13	播音一班	1701018	王晓亚	83	88	86	87	89	85	518	86	
14	播音二班	1702008	李雪燕	90	91	78	89	90	82	518	86	
15	播音一班	1701017	史二映	85	87	94	77	90	84	516	86	
16	播音三班	1703022	远晴晴	84	94	79	83	82	94	515	86	
17	播音二班	1702004	李蕾	79	89	84	87	90	85	515	86	
18	播音三班	1703009	郭抱超	90	84	94	74	87	87	515	86	
19	播音二班	1702016	晁晓燕	88	88	86	85	89	79	515	86	
20	播音二班	1702005	马银丽	94	93	69	87	93	80	515	86	
21	播音二班	1702017	马亚茹	76	90	93	84	91	80	514	86	
22	播音二班	1702014	莽倩	91	88	83	80	95	76	512	85	

图5-9　排序最终效果

 任务二：制作"零售商品销售表"

一、情景导入

小华是联华超市一家门店的店长助理，每月末都要对超市内零售商品的销售情况做一个详细的分析，从而为下个月超市的商品进货以及商品布局提供依据。

二、相关知识

数据筛选是指隐藏不准备显示的数据行，显示满足条件的数据行的过程。使用数据筛选可以快速显示选定数据行的数据，从而提高工作效率。Excel 提供了多种筛选数据的方法，包括自动筛选、高级筛选、自定义筛选。

- 自动筛选：指按单一条件进行的数据筛选，从而显示符合条件的数据行。
- 自定义筛选：使用自动筛选时，对于某些特殊的条件，可以使用自定义筛选。
- 高级筛选：指根据条件区域设置筛选条件而进行的筛选。使用高级筛选时，需要先在编辑区输入筛选条件再进行高级筛选，从而显示出符合条件的数据行。在使用高级筛选之前，用户需要建立一个条件区域，用来指定筛选的数据必须满足的条件。在条件区域首行中包含的字段名必须与数据清单中的字段名一样，但条件区域内不必包含数据清单中所有的字段名。条件区域的字段名下面至少要有一行用来定义搜索条件。

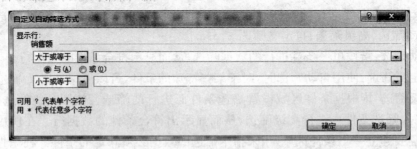

三、任务实施

1. 自动筛选

一次只能对工作表中的一个数据清单使用筛选命令,如筛选出类别为"调味品"的销售数据。具体操作步骤如下:

步骤 1:打开"零售商品销售表",单击数据区域的任意一个单元格,单击【数据】|【排序和筛选】|【筛选】命令,在表格中的每个标题右侧都将显示一个向下箭头。

步骤 2:要想仅选择"调味品",单击"类别"右侧的向下箭头,在弹出的下拉菜单中,取消"全选"复选框,然后选择"调味品"复选框。

步骤 3:单击"确定"按钮,即可显示符合条件的数据,如图 5-10 所示。

A产品ID	B产品名	C供应商	D类别	E单位数	F单价	G销售量	H销售额	I
3	草莓酱	卓尔公司	调味品	每箱12瓶	¥ 72.00	28	¥ 2,016.00	
4	盐	卓尔公司	调味品	每箱30瓶	¥ 45.00	45	¥ 2,025.00	
5	花生油	卓尔公司	调味品	每箱8瓶	¥240.00	33	¥ 7,920.00	
6	酱油	卓尔公司	调味品	每箱12瓶	¥ 96.00	54	¥ 5,184.00	
7	海鲜粉	卓尔公司	调味品	每箱30袋	¥ 45.00	30	¥ 1,350.00	
8	白胡椒粉	卓尔公司	调味品	每箱30袋	¥ 60.00	42	¥ 2,520.00	
13	味精	今日公司	调味品	每箱30袋	¥ 30.00	40	¥ 1,200.00	
14	生粉	今日公司	调味品	每箱30袋	¥ 25.00	50	¥ 1,250.00	
15	麻油	今日公司	调味品	每箱24瓶	¥120.00	27	¥ 3,240.00	

图 5-10 自动筛选

2. 自定义筛选

筛选出"销售额"在 1500～3000 元之间的记录,具体操作步骤如下:

步骤 1:单击"销售额"右侧的向下箭头,在下拉菜单中单击【数字筛选】|【介于】命令,弹出"自定义自动筛选方式"对话框,如图 5-11 所示。

图 5-11 "自定义自动筛选方式"对话框

步骤 2:在"大于或等于"右侧的文本框中输入"1500"。单击"与"单选按钮(如果只需满足两个条件中的任意一个,则选中"或"单选按钮)。

步骤 3:在"小于或等于"右侧的文本框中输入"3000"。单击"确定"按钮,即可显示符合条件的记录,如图 5-12 所示。

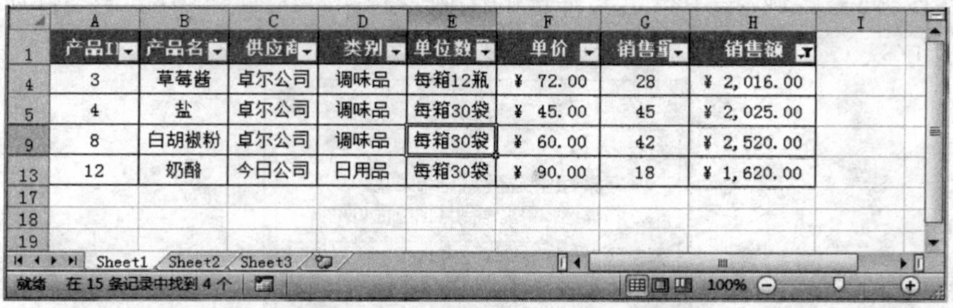

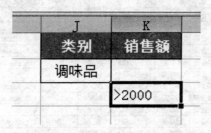

图5-12　自定义筛选

3. 高级筛选

进行高级筛选的数据清单必须有列标志,而且要设置条件区域,如筛选出"销售额"在2000元以上或类别为"调味品"的记录,具体操作步骤如下:

步骤1:先在表格中设置好条件区域,再在"条件区域"框中指定条件区域。在J1:K3区域设置条件区域,两个条件不在同一行,如图5-13所示。

类别	销售额
调味品	
	>2000

图5-13　设置高级筛选条件

步骤2:单击数据区域的任意一个单元格,单击【数据】|【排序和筛选】|【高级】命令,弹出"高级筛选"对话框,如图5-14所示。

图5-14　"高级筛选"对话框

步骤3:在对话框中的"方式"选项组下,如果选中"在原有区域显示筛选结果"单选按钮,则在工作表的数据清单中只能看到满足条件的记录;如果要将筛选的结果放到其他位置,以不扰乱原来的数据,则选中"将筛选结果复制到其他位置"单选按钮,并在"复制到"框中指定筛选后的副本放置的起始单元格。

步骤 4:在“列表区域”框中指定要筛选的区域,在“条件区域”框中指定条件所在的区域,如图 5－15 所示。

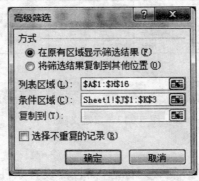

图 5－15　“高级筛选”对话框

步骤 5:单击“确定”按钮,筛选出符合条件的记录,如图 5－16 所示。

产品ID	产品名称	供应商	类别	单位数量	单价	销售量	销售额		类别
1	橙汁	长征食品	饮料	每箱12瓶	¥120.00	39	¥ 4,680.00		调味品
3	草莓酱	卓尔公司	调味品	每箱12瓶	¥ 72.00	28	¥ 2,016.00		
4	盐	卓尔公司	调味品	每箱30袋	¥ 45.00	45	¥ 2,025.00		
5	花生油	卓尔公司	调味品	每箱8瓶	¥240.00	33	¥ 7,920.00		
6	酱油	卓尔公司	调味品	每箱12瓶	¥ 96.00	54	¥ 5,184.00		
7	海鲜粉	卓尔公司	调味品	每箱30袋	¥ 45.00	30	¥ 1,350.00		
8	白胡椒粉	卓尔公司	调味品	每箱30袋	¥ 60.00	42	¥ 2,520.00		
11	芝士	大海食品	日用品	每箱50袋	¥180.00	20	¥ 3,600.00		
13	味精	今日公司	调味品	每箱30袋	¥ 30.00	40	¥ 1,200.00		
14	生粉	今日公司	调味品	每箱30袋	¥ 25.00	50	¥ 1,250.00		
15	麻油	今日公司	调味品	每箱24瓶	¥120.00	27	¥ 3,240.00		

就绪　在 15 条记录中找到 11 个

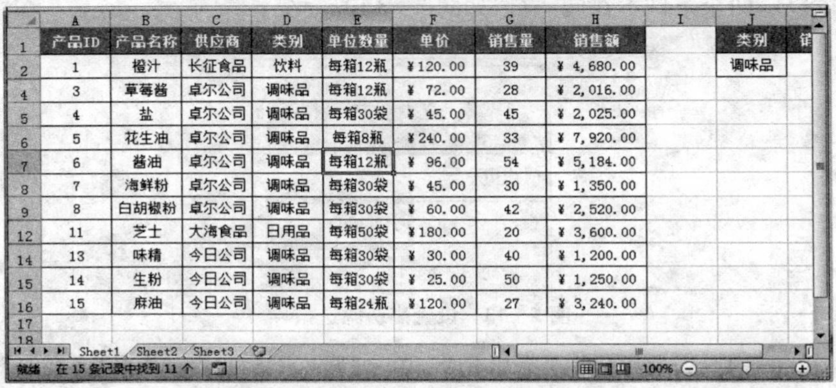

图 5－16　筛选后的结果

任务三:制作“家电销售汇总表”

一、情景导入

林丽是格力电器的销售部助理,负责对全公司的销售情况进行统计分析,并将结果提交给销售部经理。年底,林丽根据各区域门店提交的销售报表对销售情况进行统计分析并上报总公司。

二、相关知识

分类汇总是在数据清单中快捷轻松地汇总数据的方法。用 Excel 的分类汇总命令,不必手工创建公式,而由 Excel 自动创建公式,插入分类汇总与总和的行,并且自动分级显示数据。数据结果可以轻松地格式化、创建图表或者打印(利用 Excel 的分类汇总功能,用户可更直观地查看表格中的数据信息)。分类汇总前需要先对数据进行排序。

三、任务实施

1. 创建分类汇总

插入分类汇总之前需要将准备分类汇总的数据区域按关键字排序,从而使相同关键字的行排列在相邻行中,以有利于分类汇总的操作。具体操作步骤如下:

步骤1:打开"销售信息汇总表",对"销售地区"列进行排序。

步骤2:选定数据清单中的任意一个单元格,单击【数据】|【分级显示】|【分类汇总】命令,弹出"分类汇总"对话框。

步骤3:在对话框的"分类字段"列表框中选择"销售地区";在"汇总方式"列表框中选择汇总计算方式为"求和";在"选定汇总项"列表框中选择想计算的列,如"销售额",如图5-17所示。

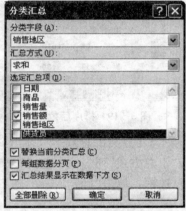

图5-17 "分类汇总"对话框

步骤4:单击"确定"按钮即可得到分类汇总结果,如图5-18所示。

	A	B	C	D	E	F
1	日期	商品	销售量	销售额	销售地区	供货员
2	2018-9-10	电脑	15	62500	华北	李明
3	2018-9-10	洗衣机	18	37000	华北	李明
4	2018-9-10	电脑	22	87000	华北	李明
5				186500	华北 汇总	
6	2018-9-10	洗衣机	14	31000	华东	刘言
7	2018-9-10	电脑	8	38000	华东	刘言
8	2018-9-10	电冰箱	9	26200	华东	张响
9	2018-9-10	洗衣机	21	41500	华东	张响
10	2018-9-10	电冰箱	33	69400	华东	陈名
11	2018-9-10	洗衣机	21	41500	华东	陈名
12				247600	华东 汇总	
13	2018-9-10	空调	6	25600	华南	王来
14	2018-9-10	空调	14	46400	华南	张丽
15	2018-9-10	空调	4	20700	华南	张丽
16	2018-9-10	空调	9	34300	华南	王来
17	2018-9-10	电冰箱	12	31600	华南	陈勇
18				158600	华南 汇总	
19				592700	总计	

图5-18 分类汇总最终效果

2. 嵌套分类汇总

以"销售地区"和"商品"为分类字段进行嵌套分类汇总。具体操作步骤如下：

步骤 1：打开"销售信息汇总表"，单击【数据】|【排序和筛选】|【排序】命令，打开"排序"对话框。将"主要关键字"设置为"销售地区"，"次序"设置为"升序"。单击"添加条件"按钮，将添加的"次要关键字"设置为"商品"，"次序"设置为"升序"。设置完成后单击"确定"按钮，返回到工作表，最终效果如图 5-19 所示。

	A	B	C	D	E	F
1	日期	商品	销售量	销售额	销售地区	供货员
2	2018-9-10	电脑	15	62500	华北	李明
3	2018-9-10	电脑	22	87000	华北	李明
4	2018-9-10	洗衣机	18	37000	华北	李明
5	2018-9-10	电冰箱	9	26200	华东	张响
6	2018-9-10	电冰箱	33	69400	华东	陈名
7	2018-9-10	电脑	8	38000	华东	刘言
8	2018-9-10	洗衣机	14	31000	华东	刘言
9	2018-9-10	洗衣机	21	41500	华东	张响
10	2018-9-10	洗衣机	21	41500	华东	陈名
11	2018-9-10	电冰箱	12	31600	华南	陈勇
12	2018-9-10	空调	6	25600	华南	王来
13	2018-9-10	空调	14	46400	华南	张丽
14	2018-9-10	空调	4	20700	华南	张丽
15	2018-9-10	空调	9	34300	华南	王来

Sheet1 Sheet2 Sheet3　就绪　100%

图 5-19　排序后效果

步骤 2：单击【数据】|【分级显示】|【分类汇总】命令，弹出"分类汇总"对话框。在"分类字段"列表框中选择"销售地区"，在"汇总方式"列表框中选择"求和"选项，在"选定汇总项"列表框中选择"销售量"和"销售额"复选框。单击"确定"按钮，进行第 1 次汇总，结果如图 5-20 所示。

1 2 3		A	B	C	D	E	F
	1	日期	商品	销售量	销售额	销售地区	供货员
	2	2018-9-10	电脑	15	62500	华北	李明
	3	2018-9-10	电脑	22	87000	华北	李明
	4	2018-9-10	洗衣机	18	37000	华北	李明
	5			55	186500	**华北 汇总**	
	6	2018-9-10	电冰箱	9	26200	华东	张响
	7	2018-9-10	电冰箱	33	69400	华东	陈名
	8	2018-9-10	电脑	8	38000	华东	刘言
	9	2018-9-10	洗衣机	14	31000	华东	刘言
	10	2018-9-10	洗衣机	21	41500	华东	张响
	11	2018-9-10	洗衣机	21	41500	华东	陈名
	12			106	247600	**华东 汇总**	
	13	2018-9-10	电冰箱	12	31600	华南	陈勇
	14	2018-9-10	空调	6	25600	华南	王来
	15	2018-9-10	空调	14	46400	华南	张丽
	16	2018-9-10	空调	4	20700	华南	张丽
	17	2018-9-10	空调	9	34300	华南	王来
	18			45	158600	**华南 汇总**	
	19			206	592700	**总计**	

Sheet1 Sheet2 Sheet3　就绪　100%

图 5-20　第一次分类汇总

步骤 3：单击【数据】|【分级显示】|【分类汇总】命令，再次打开"分类汇总"对话框。在"分类字段"列表框中选择"商品"，在"汇总方式"列表框中选择"计数"选项，在"选定汇总项"列

表框中选择"供货员"复选框。撤选"替换当前分类汇总"复选框,如图5-21所示。

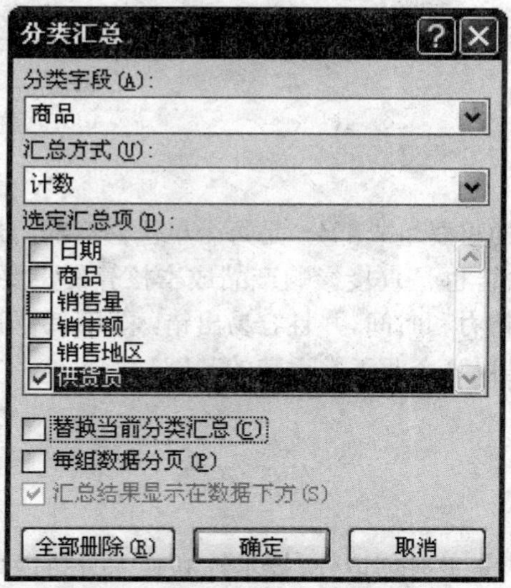

分类汇总

分类字段(A):

商品

汇总方式(U):

计数

选定汇总项(D):

☐ 日期
☐ 商品
☐ 销售量
☐ 销售额
☐ 销售地区
☑ 供货员

☐ 替换当前分类汇总(C)
☐ 每组数据分页(P)
☑ 汇总结果显示在数据下方(S)

全部删除(R)　确定　取消

图5-21 "分类汇总"对话框

步骤4:单击"确定"按钮,进行第2次汇总,结果如图5-22所示。

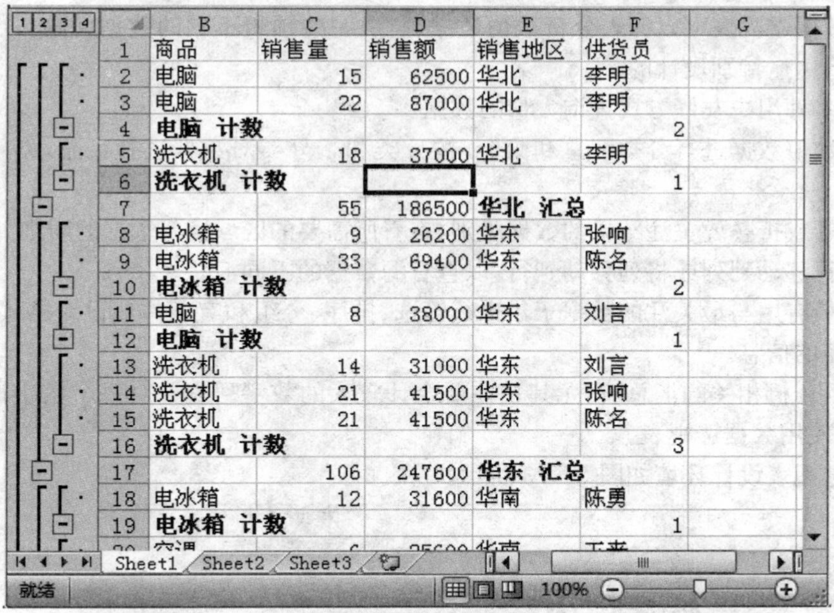

	B	C	D	E	F	G
1	商品	销售量	销售额	销售地区	供货员	
2	电脑	15	62500	华北	李明	
3	电脑	22	87000	华北	李明	
4	**电脑 计数**					2
5	洗衣机	18	37000	华北	李明	
6	**洗衣机 计数**					1
7		55	186500	**华北 汇总**		
8	电冰箱	9	26200	华东	张响	
9	电冰箱	33	69400	华东	陈名	
10	**电冰箱 计数**					2
11	电脑	8	38000	华东	刘言	
12	**电脑 计数**					1
13	洗衣机	14	31000	华东	刘言	
14	洗衣机	21	41500	华东	张响	
15	洗衣机	21	41500	华东	陈名	
16	**洗衣机 计数**					3
17		106	247600	**华东 汇总**		
18	电冰箱	12	31600	华南	陈勇	
19	**电冰箱 计数**					1

图5-22 嵌套分类汇总

3. 删除分类汇总

如果用户觉得不需要进行分类汇总了,则单击【数据】|【分级显示】|【分类汇总】命令,弹出"分类汇总"对话框,单击"全部删除"按钮,即可删除分类汇总。

任务四:制作"员工工资统计表"

一、情景导入

工资管理是企业管理的重要组成部分,是每个单位财会部门最基本的业务之一,它不仅关系到每个员工的切身利益,也是直接影响产品成本核算的重要因素。手工进行统计核算需要占用财务人员大量的精力和时间,并且容易出错,采用计算机进行工资管理是一个单位管理薪资的重要手段,也是保障企业正常运转的基础。

二、相关知识

1. 数据透视表

Excel 中的数据透视表是最有创造性、技术性和强大分析能力的工具,它是一种对大量数据快速汇总和建立交叉列表的交互式表格。可以转换行和列,从而检查来源数据的不同汇总结果,可以显示不同页面以筛选数据,还可以根据需要显示区域中的明细数据。数据透视表是一种动态工作表,它提供了一种以不同角度观看数据的简便方法。

使用数据透视表可以深入分析数值数据,解决一些预想不到的数据问题。数据透视表是针对以下用途特别设计的:

- 以多种用户友好方式查询大量的数据。
- 对数值数据进行分类汇总和聚合,按分类和子分类对数据进行汇总,创建自定义计算和公式。
- 展开或折叠要关注结果的数据级别,查看所需的区域摘要数据的明细。
- 将行移动到列或将列移动到行,以查看源数据的不同汇总。
- 对最有用与最关注的数据子集进行筛选、排序、分组和有条件地设置格式,使用户能够关注所需的信息。

如果要分析相关的汇总值,尤其是在要合计较大的数字列表并对每个数字进行多种比较时,通常使用数据透视表。

数据透视表设计环境如图 5-23 所示。

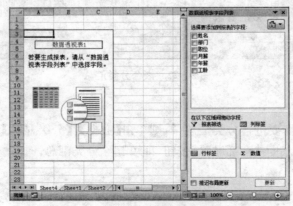

图 5-23 数据透视表设计环境

"在以下区域间拖动字段"有 4 个区域,"报表筛选"区域中的字段可以控制整个数据透视表的显示情况;"行标签"区域中的字段显示为数据透视表侧面的行,位置较低的行嵌套在紧靠它上方的行中;"列标签"区域中的字段显示为数据透视表顶部的列,位置较低的列嵌套在紧靠它上方的列中;"数值"区域中的字段显示汇总数值数据。

2. 数据透视图

数据透视图是以图形形式表示的数据透视表,与图表和数据区域之间的关系相同,各数据透视表之间的字段相互对应。

在数据透视图中,除具有标准图表的系列、分类、数据标记和坐标轴之外,还有一些特殊的元素,如报表筛选、值、系列字段、项和分类字段等。

• 报表筛选字段用来根据特定项筛选数据的字段。使用报表筛选字段是在不修改系列和分类信息的情况下,汇总并快速集中处理数据子集的捷径。

• 值来自基本源数据的字段,提供进行比较或计算的数据。

• 系列是为系列方向指定的字段中的项提供单个数据系列。

• 项代表一个列或行字段中的唯一条目,出现在报表筛选字段、分类字段和系列字段的下拉列表中。

• 分类字段是分配到数据透视图分类方向上的源数据中的字段。分类字段为那些用来绘图的数据点提供单一分类。

三、任务实施

1. 创建数据透视表

用户可以对已有的数据进行交叉制表和汇总,重新发布并立即计算出结果。创建数据透视表的具体操作步骤如下:

步骤 1:单击数据区域中的任意一个单元格,单击【插入】|【表格】|【数据透视表】命令,弹出"创建数据透视表"对话框。

步骤 2:在弹出的对话框中,选中"选择一个表或区域"单选按钮,并在"表/区域"文本框中自动输入光标所在单元格所属的数据区域。在"选择放置数据透视表的位置"选项组中选中"新工作表"单选按钮,如图 5-24 所示。

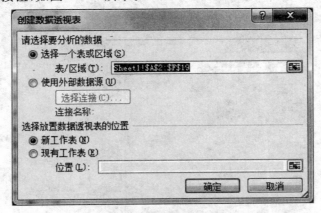

图 5-24 "创建数据透视表"对话框

步骤 3：单击"确定"按钮，即可进入如图 5-25 所示的数据透视表设计环境。

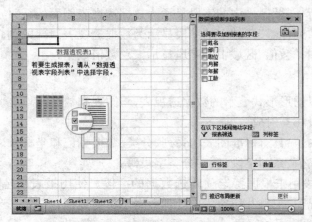

图 5-25　数据透视表设计环境

步骤 4：从"选择要添加到报表的字段"列表框中，将"部门"拖到下方的"报表筛选"框中，将"姓名"拖到"行标签"框中，将"年薪"拖到"数值"框中，如图 5-26 所示。

图 5-26　字段列表

步骤 5：用户可以单击"部门"右侧的向下箭头，选择具体显示的部门类别"开发部"，如图 5-27 所示，则将仅显示"开发部"人员的年薪。

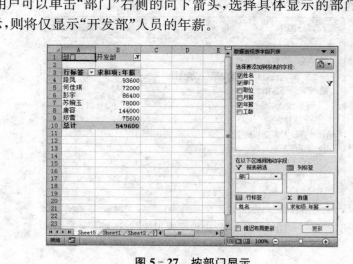

图 5-27　按部门显示

2. 添加和删除数据透视表字段

创建数据透视表后，也许会发现数据透视表布局不符合要求，这时可以根据需要在数据透视表中添加或删除字段。具体操作步骤如下：

步骤1：单击数据区域中的任意一个单元格，单击【插入】|【表格】|【数据透视表】命令，弹出"创建数据透视表"对话框。

步骤2：单击"确定"按钮，进入数据透视表设计环境。从"选择要添加到报表的字段"中，将"姓名"拖到"行标签"框中，将"部门"拖到"列标签"框中，将"年薪"拖到"数值"框中，如图5-28所示。

图5-28　添加报表字段1

步骤3：单击数据透视表设计环境的"列标签"中的"部门"的下拉按钮，在弹出的快捷菜单中单击"删除字段"命令，如图5-29所示，即可删除列标签中的"部门"字段。按同样的步骤删除"行标签"中的"姓名"字段以及"数值"中的"年薪"字段。

图5-29　删除字段

步骤4：从"选择要添加到报表的字段"中，将"部门"拖到"行标签"框中，将"月薪"和"工龄"拖到"数值"框中，如图5-30所示。

图 5 - 30   添加字段 2

3. 改变数据透视表中数据的汇总方式

在创建数据透视表时,默认的汇总方式为求和,可以根据分析数据的要求随时改变汇总方式。例如,要统计每个职位的月薪和工龄的平均值,具体操作步骤如下:

步骤 1:选择数据透视表设计环境的"数值"中的"月薪"的下拉按钮,在弹出的快捷菜单中选择"值字段设置",如图 5 - 31 所示。

图 5 - 31   快捷菜单

步骤 2:弹出"值字段设置"对话框,在对话框中选择"计算类型"为"平均值",如图 5 - 32 所示。

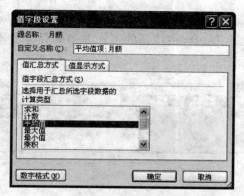

图 5－32 "值字段设置"对话框

步骤3：改变"工龄"字段的汇总方式为"平均值"，调整"月薪"和"工龄"列小数位为0，最终效果如图5－33所示。

图 5－33 最终效果

4. 查看数据透视表中的明细数据

在Excel中，用户可以显示或隐藏数据透视表中字段的明细数据。具体操作步骤如下：

步骤1：在数据透视表中，单击按钮⊞或按钮⊟可以展开或折叠数据透视表中的数据，如图5－34所示。

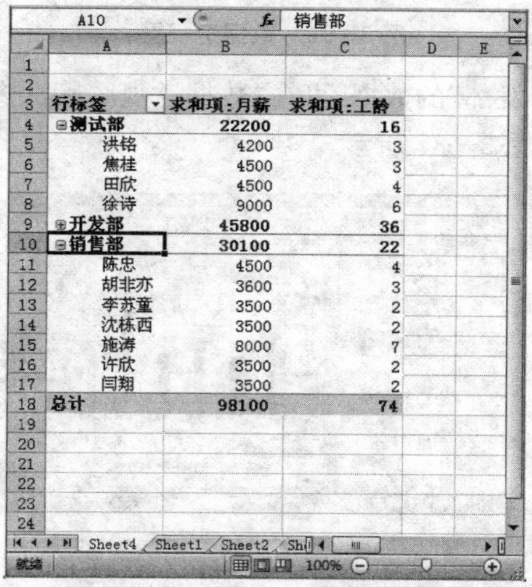

图 5－34 展开或折叠数据透视表中的数据

步骤 2：右击数据透视表的"值字段"中的数据，也就是数值区域的某单元格，在弹出的快捷菜单中选择"显示详细信息"命令，将在新的工作表中单独显示该单元格所属的一整行的明细数据，如图 5-35 所示。

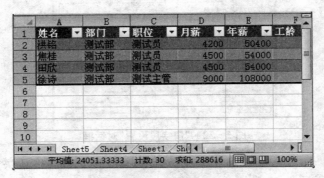

图 5-35 显示明细数据

5. 创建数据透视图

要创建数据透视图，具体操作步骤如下：

步骤 1：选定数据透视表中的任意一个单元格。

步骤 2：单击【选项】|【工具】|【数据透视图】命令，弹出"插入图表"对话框，先从左侧列表框中选择图表类型，然后从右侧列表框中选择子类型。

步骤 3：单击"确定"按钮，即可在文档中插入图表，如图 5-36 所示。

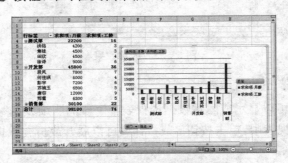

图 5-36 数据透视图

步骤 4：若要仅显示"开发部"的数据，可在"数据透视图筛选窗格"的"部门"下拉列表框中选中"开发部"复选框，如图 5-37 所示。

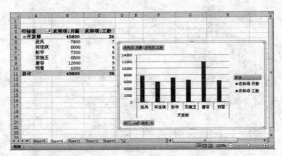

图 5-37 筛选后的数据透视图

实训：制作"应收账款统计表"

【实训目标】

应收账款是企业对外赊销产品、材料,提供劳务等业务应向购货方或接受劳务方收取的款项。对应收账款进行统计管理,可详细了解各客户的赊销情况,及时发现问题,提前采取对策,尽可能地减少坏账损失。

由于公司总经理需要查看各客户的赊销情况,于是会计室助理小张制作了一张"应收账款统计表",统计并分析应收账款数据,如图 5-38 所示。

	A	B	C	D	E	F	G	H	I
1				应收账款统计表					
2	当前日期:	2018-4-50				单位:元			
3	客户名称	赊销日期	经手人	应收账款	已收账款	结余	到期日期	是否到期	
4	大志公司	2015-1-8	杨宝诗	¥ 20,000.00	¥ 15,000.00	¥ 5,000.00	2016-8-31	Y	
5	大志公司	2015-2-24	刘子扬	¥ 30,000.00	¥ 30,000.00	¥ -	2016-8-31	Y	
6	大志公司	2016-8-1	宋梦雨	¥ 50,000.00	¥ 33,000.00	¥ 17,000.00	2016-8-31	Y	
7	大志公司	2016-10-8	杨宝诗	¥ 20,000.00	¥ 10,000.00	¥ 10,000.00	2019-8-31		
8	山南公司	2014-6-6	赵威	¥ 40,000.00	¥ 30,000.00	¥ 10,000.00	2015-8-31	Y	
9	山南公司	2014-9-30	姜岳廷	¥ 20,000.00	¥ 15,000.00	¥ 5,000.00	2016-8-31	Y	
10	山南公司	2015-2-1	赵威	¥ 30,000.00	¥ 30,000.00	¥ -	2016-8-31	Y	
11	山南公司	2017-4-16	姜岳廷	¥ 20,000.00	¥ 18,000.00	¥ 2,000.00	2019-8-31		
12	鹏飞公司	2013-5-21	蔺正	¥ 10,000.00	¥ 5,000.00	¥ 5,000.00	2015-8-31		
13	鹏飞公司	2014-4-18	童怀文	¥ 10,000.00	¥ 10,000.00	¥ -	2016-8-31	Y	
14	鹏飞公司	2015-3-6	童怀文	¥ 20,000.00	¥ 15,000.00	¥ 5,000.00	2016-8-31	Y	
15	水冶公司	2016-6-30	张羽涵	¥ 10,000.00	¥ 10,000.00	¥ -	2017-8-31	Y	
16	水冶公司	2017-2-10	张羽涵	¥ 20,000.00	¥ 10,000.00	¥ 10,000.00	2019-8-31		
17									

图 5-38　应收账款统计表

操作提示:根据以下要求生成不同的统计分析。

(1)在"应收账款统计表"中以"客户名称"为主要关键字,以"赊销日期"为次要关键字进行升序排列。

(2)在"应收账款统计表"中以"客户名称"为分类字段对"应收账款""已收账款"和"结余"进行分类汇总。

(3)筛选出"账款已到期"的所有记录。

(4)以"客户名称"作为报表筛选,以"到期日期"为行标签,以"结余"为求和项来建立数据透视表,并创建"簇状柱形"数据透视图。

项目六　数据模拟分析

前面介绍了通过排序、筛选、分类汇总、图表等工具对已产生的数据进行分析。此外，Excel 可以利用单变量求解、模拟运算、方案求解及规划分解等功能对假定的数据进行预算与决算，以解决数据管理中的许多问题。

知识技能目标

- 熟悉并掌握单变量求解的方法；
- 熟悉并掌握模拟分析数据；
- 熟悉并掌握应用模拟运算表分析单个或两个数据变化的情况；
- 熟悉并掌握创建多个数据方案并生成方案报表；
- 熟悉并掌握规划求解的使用。

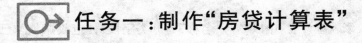

任务一：制作"房贷计算表"

一、情景导入

在日常生活中会涉及很多财务问题，遇到相对复杂的财务运算时，可以用 Excel 进行模拟运算。目前购房采用贷款按揭的形式比较多，购房者往往会用网上的房贷计算器对贷款的还款情况做一个初步的预算，如图 6-1 所示。而对于 Excel 的使用者而言，我们也可以根据不同的首付款及贷款利率变化的情况用 Excel 做出更为详尽的数据分析表。本任务以房贷数据为例，应用单变量模拟和双变量模拟运算，计算出假定数据的房贷金额。

图6-1　房贷计算器

二、相关知识

在工作表中输入公式后,可进行假设分析,查看当改变公式中的某些值时对工作表中公式结果有怎样的影响。这个过程就是模拟分析数据。

Excel为我们提供了"方案管理器""单变量求解""模拟运算"3种模拟分析功能。

"方案管理器"和"模拟运算"是根据各组输入值来确定可能的结果。而"单变量求解"与前两者的工作方式不同,它通过结果确定生成该结果时可能的输入值。

(1)方案管理器

Excel方案管理器使自动假设分析模式变得很方便。利用"方案管理器"可以模拟为达到目标而选择的不同方式,每个变量改变的结果被称为一个方案。我们可以制订出多种数据方案,分析使用不同方案时表格数据的变化,通过对多个方案的对比分析,考察不同方案的优劣,从中选择最适合目标的方案。

创建方案是方案分析的关键,应根据实际问题的需要和可行性来创建一组方案。例如为达到公司的预算目标,可以从多种途径入手,增加广告促销、提高价格增收,也可以降低包装费、材料费等。

(2)单变量求解

在利用公式计算单元格中数据后,如果要分析当公式达到一个目标值时,让公式中所引用的某一个单元格的值自动发生变化以满足公式的结果,可以使用"单变量求解"功能。简单来说,单变量求解就是公式的反向运算。

在使用单变量求解命令时,首先需要确定以下几个元素:

目标单元格:单元格中要达到一个新目标值的单元格,且该单元格为公式单元格。

目标值:目标单元格中的公式计算结果要达到的值。

可变单元格:通过该单元格的值变化使目标单元格达到目标值,即公式中需要发生数值改变的单元格。

（3）模拟运算

模拟运算表是工作表中的一个单元格区域，用于显示公式中某些值的更改对公式结果的影响。模拟运算表提供了一种快捷手段，可以通过一步操作计算出多种情况下的值，同时还可以查看和比较由工作表不同变化引起的各种结果。

模拟运算表是假设公式中的变量有一组替换值，是代入公式取得一组结果值时使用的，该组结果值可以构成一个模拟运算表。模拟运算表有两种类型：

单变量模拟运算表：输入一个变量的不同替换值，并显示此变量对一个或多个公式的影响。

双变量模拟运算表：输入两个变量的不同替换值，并显示这两个变量对一个公式的影响。

模拟运算表在经济管理中起着极其重要的作用。例如，在制订一个新产品的销售计划时，可以通过模拟找出不同定价、销量、折扣、推销成本的保本点，从而制订出一个切实可行的行销方案。

三、任务实施

房贷分析中，总金额、利率和贷款时间确定后，可变的就是首付金额和按揭金额了。我们可以模拟计算出各种首付情况下每个月需要按揭的金额。

1. 利用单变量模拟运算表求解每月贷款偿还额

用户想购买一套房子，要承担 1000000 元的抵押贷款，需要了解不同利率下每月应偿还的贷款金额。在介绍模拟运算表之前，先熟悉一下这里要使用的 PMT 函数。PMT 函数主要是根据固定利率、定期付款和贷款金额，求出每期应偿还贷款金额。具体操作步骤如下：

步骤 1：新建一个工作表，在工作表中输入如图 6-2 所示的基本数据，并在 E2 单元格输入函数"＝PMT(B4/12,B5 * 12,B3)"，计算出月偿还额。

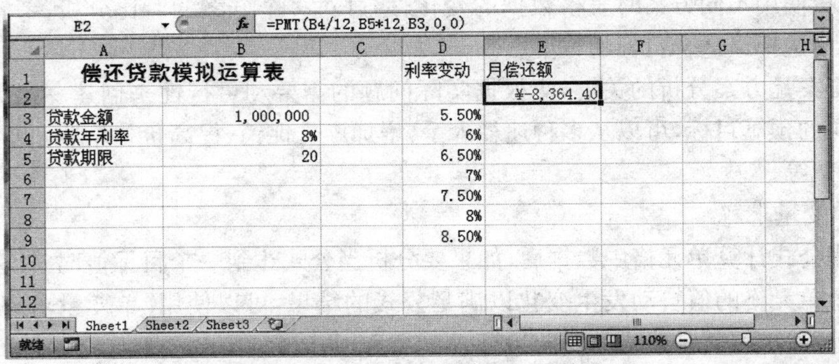

图 6-2 应用 PMT 函数

步骤 2：选定包含输入数值和公式的单元格区域 D2：E9，单击【数据】|【数据工具】|【模拟分析】按钮，在弹出的菜单中单击"模拟运算表"命令。

步骤 3：弹出如图 6-3 所示的"模拟运算表"对话框，如果模拟运算表是列方向的，则单击"输入引用列的单元格"编辑框；如果模拟运算表是行方向的，则单击"输入引用行的单元格"编辑框，然后在工作表中选定单元格＄B＄4。

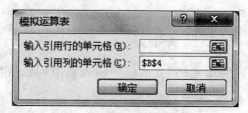

图6-3　"模拟运算表"对话框

步骤4：单击"确定"按钮，结果如图6-4所示。

图6-4　计算结果

2. 利用双变量模拟运算表求解不同贷款与利率的偿还额

利用双变量模拟，系统会自动将两个变量代入公式中逐一运算，并将结果放在对应的单元格中。表6-1是双变量模拟运算表的排列方式之一。

表6-1　双变量模拟运算表

列输入单元格	计算公式	变量1	变量2	变量3	…	变量n
行输入单元格	变量1					
	变量2					
	变量3					
	…					
	变量n					

本任务在考虑利率变化的同时，还可以考虑一下贷款额的多少对偿还额的影响。

步骤1：打开"房贷计算表"，在单元格D3：D9中输入不同的年利率，在单元格E2：H2中输入不同的贷款金额，如图6-5所示。

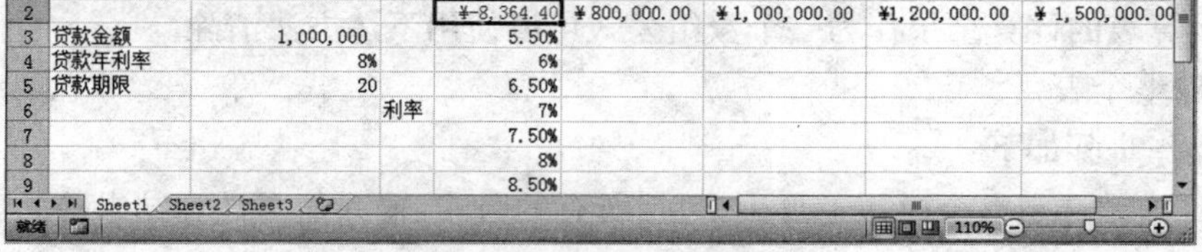

图6-5　房贷计算表

步骤 2：选定包含公式以及数值行、列的单元格区域 D2：H9。

步骤 3：切换到"数据"选项卡，单击【数据工具】|【模拟分析】|【模拟运算表】命令，弹出"模拟运算表"对话框。

步骤 4：在"输入引用行的单元格"文本框中输入要由行数值替换的引用行单元格，如"$B$3"。

步骤 5：在"输入引用列的单元格"文本框中输入要由列数值替换的引用列单元格，如"$B$4"，如图 6-6 所示。

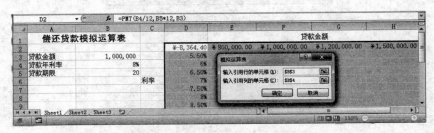

图 6-6 "模拟运算表"对话框

步骤 6：单击"确定"按钮，结果如图 6-7 所示。

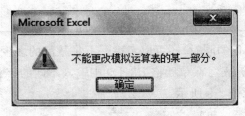

图 6-7 最终效果

3. 清除模拟运算表

创建模拟运算表后，用户无法删除模拟运算表中的单个单元格，如果对单个单元格进行删除操作，Excel 将打开如图 6-8 所示的提示对话框。

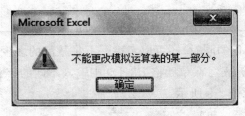

图 6-8 提示对话框

模拟运算表的计算结果作为一个数组公式可以使用下述方法清除。

• 清除整个表

具体操作步骤如下：

步骤 1：拖动选定整个模拟运算表，包括所有的公式、输入值与计算结果等。

步骤 2：切换到"开始"选项卡，单击【编辑】|【清除】|【全部清除】命令。

- 清除模拟运算表的计算结果

具体操作步骤如下：

步骤 1：选定模拟运算表中的所有计算结果。

步骤 2：切换到"开始"选项卡，单击【编辑】|【清除】|【清除内容】命令。

 # 任务二：制作"定价方案表"

一、情景导入

"美满"蛋糕专卖店打算推出新的糕点"红豆派"，请根据下面 3 种方案说明，输入分析数据，选择最佳的销售方案。

- 方案 A：一个月预计销售 900 个，单价为 80 元，需要两位面包师制作，每个月共需支付 4800 元工资。
- 方案 B：一个月预计销售 700 个，单价为 60 元，需要一位面包师制作，每个月需支付 2600 元工资。
- 方案 C：一个月预计销售 800 个，单价为 55 元，需要一位面包师制作，每个月需支付 3000 元工资。

求出各方案的结果，然后根据目前的需求，选择合适的方案。

二、相关知识

1. 方案

在办公应用中，经常需要根据已得的数据做出各种假设性的规划。很多时候如果我们只是观察可能很难发现数据的规律或者很难得到一些准确的目标数据。通过这些已获得的数据参考，能辅助我们判断方案的可行性、风险性，然后做出适当的选择。方案是用于预测工作表模型结果的一组数值。用户可以在工作表中创建、保存多组不同的数值，并且在这些方案之间任意切换，从而查看不同的方案结果。

2. 模型设置

为了易于说明，可以创建如图 6-9 所示的模型，并在单元格 B6 中输入公式"＝B3＊B4－B5"。

图 6-9 模型设置

为了有利于以后所建的方案摘要报告指出可变单元格及目标单元格所代表的意义,可以为单元格命名。选定单元格 B3,切换到功能区中的"公式"选项卡,单击【定义的名称】|【定义名称】命令,出现"新建名称"对话框,会发现"名称"列表框中显示的默认名为"每月预计销售量",单击"确定"按钮,即可将单元格 B3 命名为"每月预计销售量"。使用同样的方法,将单元格 B4 命名为"单价",将单元格 B5 命名为"工资",将单元格 B6 命名为"利润"。

三、任务实施

1. 创建方案

创建方案的具体操作步骤如下:

步骤 1:选定单元格区域 B3:B5,单击【数据】|【数据工具】|【模拟分析】|【方案管理器】命令,弹出"方案管理器"对话框,如图 6 - 10 所示。

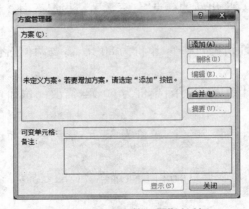

图 6 - 10 "方案管理器"对话框

步骤 2:在对话框中单击"添加"按钮,出现如图 6 - 11 所示的"添加方案"对话框。在"方案名"文本框中输入该方案的名称,如"方案 A"。在"可变单元格"文本框中,输入要修改的单元格引用,如"B3:B5"。

图 6 - 11 "添加方案"对话框

步骤 3:在对话框中单击"确定"按钮,出现如图 6 - 12 所示的"方案变量值"对话框。在

"方案变量值"对话框中,输入可变单元格所需的数值。单击"确定"按钮,返回"方案管理器"对话框中,这样就建立了一个名为"方案 A"的方案。

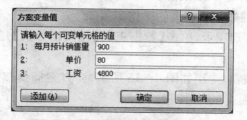

图 6-12　"方案变量值"对话框

步骤 4:重复步骤 2、3 的操作,分别创建"方案 B"和"方案 C"。单击"关闭"按钮。

2. 显示方案

创建方案后,可以随时查看模拟的结果。具体操作步骤如下:

步骤 1:切换到"数据"选项卡,单击【数据工具】|【模拟分析】|【方案管理器】命令,打开如图 6-13 所示的"方案管理器"对话框。

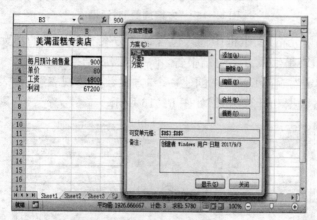

图 6-13　显示方案 A

步骤 2:单击要显示的方案名,单击"显示"按钮,即可在工作表中显示该方案对应的信息。

步骤 3:重复步骤 2 的操作,可以显示其他的方案,如图 6-14 所示。

图 6-14　显示方案 B

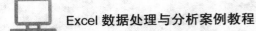

3. 创建方案数据透视表

创建方案后,还可以创建方案数据透视表,该数据透视表中列出了方案以及它们各自的输入值、结果单元格。创建数据透视表的操作步骤如下:

步骤1:切换到"数据"选项卡,单击【数据工具】|【模拟分析】|【方案管理器】命令,打开"方案管理器"对话框。

步骤2:单击【摘要】按钮,弹出如图6-15所示的"方案摘要"对话框。在"报表类型"选项组中选中"方案数据透视表"单选按钮。

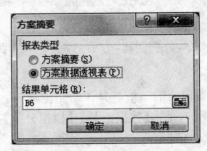

图6-15 "方案摘要"对话框

步骤3:在"结果单元格"文本框中输入包含每个方案有效结果的单元格引用,多个引用之间用逗号分隔。如果是生成方案总结报告,不一定需要结果单元格。

步骤4:单击"确定"按钮,Excel将创建一个"方案数据透视表"工作表,此工作表包含所有方案的可变单元格数据和计算结果,如图6-16所示。

图6-16 创建方案数据透视表

任务三：制作"最小成本规划表"

一、情景导入

企业在落实生产之前，会对接到的订单的相关费用进行核算，如成本、费用、利润等。通过精确的核算，可对订单生产时各方面的控制参数了解清楚，以便尽可能地降低成本、扩大利润。

大丰公司接到了一批订单，在落实生产前，需要对生产成本进行核算，力求以最小的成本取得最大的效益。小白在老陈的指引下开始进行这一任务。

二、相关知识

Excel 规划求解是功能强大的优化和资源配置工具。它可以帮助我们使用最好的方法，利用最少的资源，尽量达成目标而避免不想要的结果，例如利润最大、成本最小。Excel 的规划求解能够回答如下问题：怎样的产品或混合奖励能产生最大利润？如何在预算内生存？在不超出资金情况下，能以多快的速度增长？

1. 认识规划求解

规划求解是 Excel 中的一个加载宏，使用规划求解可进行如下操作：

- 指定多个可调整的单元格。
- 指定可调整单元格可能有的数值约束。
- 求出特定工作表单元格的解的最大值或最小值。
- 对一个问题求出多个解。

规划求解功能通过调整所指定的可更改的单元格中的值，利用目标单元格的公式，求得所需的结果。在创建模型过程中，通过将约束条件应用于可变单元格、目标单元格、其他与目标单元格直接或间接相关的单元格，从而控制最佳值的求解范围。因此，使用规划求解功能时，需要确定可变单元格、约束条件单元格、目标单元格。如图 6-17 所示为它们的作用和含义。

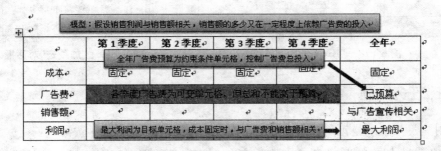

图 6-17 可变单元格、约束条件单元格和目标单元格

2. 规划求解的应用范围

规划求解不仅可以解决运筹学、线性规划等问题，还可以用来求解线性方程组及非线性方程组。实际工作中，使用规划求解优化问题最为常见，如财务管理中涉及的最大利润、最小成本、最优投资组合、目标规划、线性回归及非线性回归等优化问题。

- 最小成本：生产产品时如何配比原料、如何计划生产才能使成本最低。
- 最大利润：生产多种产品时，如何组合各产品生产量才能使利润最大化。
- 最省运费：怎样组织不同产地和销地的产品才能最节省运费。

3. 安装规划求解加载宏

如果"规划求解"命令没有出现在功能区中，则需要安装"规划求解"加载宏程序。操作步骤如下：单击【文件】|【选项】命令，在如图 6-18 所示的"Excel 选项"对话框中单击"加载项"选项，然后在"管理"下拉列表框中选择"Excel 加载项"，单击"转到"按钮，出现如图 6-19 所示的"加载宏"对话框，选中"规划求解加载项"复选框，单击"确定"按钮。加载规划求解加载宏后，"规划求解"命令将出现在"数据"选项卡的"分析"组中。

图 6-18 "Excel 选项"对话框

图 6-19 "加载宏"对话框

三、任务实施

1. 创建规划求解模型

在工作簿中创建数据模型，包括各种已知和未知的数据，如单位时间、单位成本、最少产量、最大成本等。具体操作步骤如下：

步骤1:新建工作簿并以“最小成本规划表”为名进行保存,参考如图6-20所示的内容输入并美化数据。

	A	B	C	D
1	最小成本规划表			
2		产品A	产品B	
3	单位时间（分钟/件）	1.0	1.5	
4	单位成本（元/件）	50.0	65.0	
5	最少产量（件/天）	100	100	
6	最大成本（元）	50000		
7	可用劳动时间（分钟/天）	480		
8				

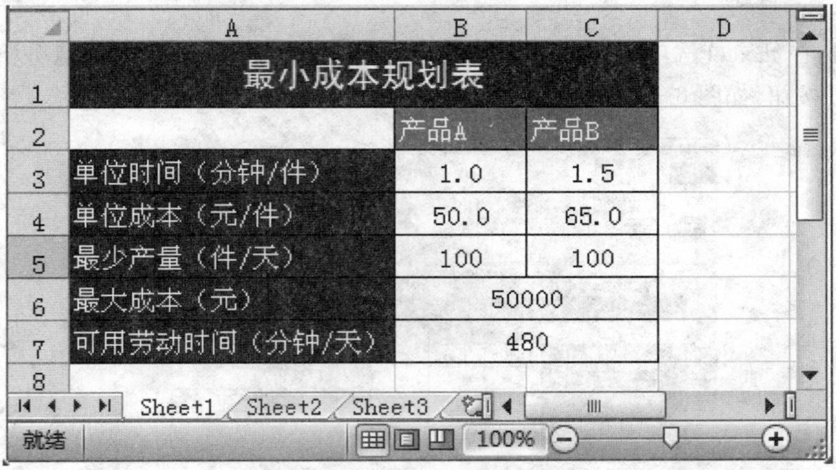

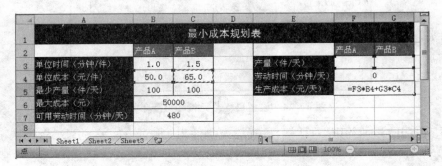

图6-20　最小成本规划表

步骤2:在工作簿中创建需要求解的数据,包括产量、劳动时间、生产成本等,如图6-21所示。

	A	B	C	D	E	F	G
1	最小成本规划表						
2		产品A	产品B			产品A	产品B
3	单位时间（分钟/件）	1.0	1.5		产量（件/天）		
4	单位成本（元/件）	50.0	65.0		劳动时间（分钟/天）		
5	最少产量（件/天）	100	100		生产成本（元/天）		
6	最大成本（元）	50000					
7	可用劳动时间（分钟/天）	480					
8							

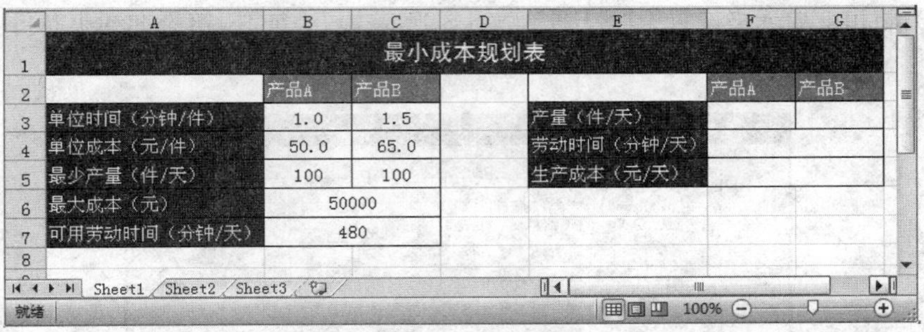

图6-21　输入求解数据

步骤3:选择F4单元格,在编辑栏中输入公式“=F3 * B3+G3 * C3”,按“Enter”键确认。

步骤4:选择F5单元格,在编辑栏中输入公式“=F3 * B4+G3 * C4”,按“Enter”键确认,如图6-22所示。

	A	B	C	D	E	F	G
1	最小成本规划表						
2		产品A	产品B			产品A	产品B
3	单位时间（分钟/件）	1.0	1.5		产量（件/天）		
4	单位成本（元/件）	50.0	65.0		劳动时间（分钟/天）	0	
5	最少产量（件/天）	100	100		生产成本（元/天）	=F3*B4+G3*C4	
6	最大成本（元）	50000					
7	可用劳动时间（分钟/天）	480					
8							

图6-22　输入公式

2. 加载规划求解并计算结果

Excel 默认是没有加载规划求解功能的，因此需手动加载，然后再进行计算。具体操作步骤如下：

步骤 1：在"Excel 选项"对话框中加载"规划求解加载项"后，在【数据】|【分析】组会增加"规划求解"按钮，如图 6-23 所示。

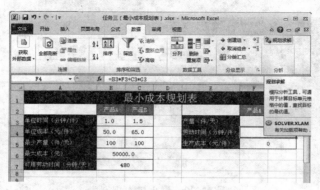

图 6-23　使用规划求解

步骤 2：单击【数据】|【分析】|【规划求解】命令，弹出"规划求解参数"对话框，将目标单元格设置为"＄F＄5"（即生产成本对应的单元格），选中"最小值"单选项。

步骤 3：将可变单元格设置为"＄F＄3：＄G＄3"，单击"添加"按钮添加约束条件，如图 6-24 所示。

图 6-24　设置目标单元格和可变单元格

步骤 4：打开"添加约束"对话框，设置约束条件为"＄F＄3＞＝＄B＄5"，即 A 产品产量不得低于 100 件,单击"添加"按钮,如图 6－25 所示。

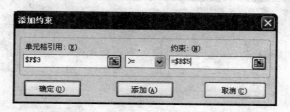

图 6－25 约束 A 产品产量

步骤 5:设置约束条件为"＄G＄3＞＝＄C＄5",即 B 产品产量不得低于 100 件,单击"添加"按钮,如图 6－26 所示。

图 6－26 约束 B 产品产量

步骤 6:设置约束条件为"＄F＄4＝＄B＄7",即劳动时间为 480 分钟/天,单击"添加"按钮,如图 6－27 所示。

图 6－27 约束劳动时间

步骤 7:设置约束条件为"＄F＄5＜＝＄B＄6",即生产成本不得高于 50000 元/天,单击"添加"按钮,如图 6－28 所示。

图 6－28 约束生产成本

步骤 8:返回"规划求解参数"对话框,单击"求解"按钮,如图 6－29 所示。

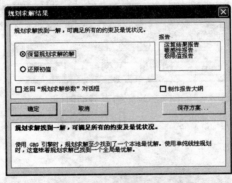

图 6-29　规划求解

步骤 9:弹出"规划求解结果"对话框,对话框中提示找到结果,工作簿的相应单元格中会同步显示结果数据,单击"确定"按钮,如图 6-30 所示。

图 6-30　确认求解

 # 实训一:获取最佳的贷款方案

【实训目标】

用户准备贷款购买一套房子,现有多家银行愿意提供贷款。

- 银行1:允许贷款 1000000 元,年利率 7.5%,贷款年限 15 年。
- 银行2:允许贷款 1500000 元,年利率 8%,贷款年限 18 年。
- 银行3:允许贷款 2000000 元,年利率 8.5%,贷款年限 20 年。

要求利用模拟运算表,制作"房贷计算表",然后根据自己目前的工资,以便决定到哪一家银行进行贷款。

实训二:制作"原材料最小用量规划表"

【实训目标】

原材料是生产过程中非常重要的元素,也是企业控制生产成本的关键要素。老张要求小李对制作完成的订单涉及的原材料进行计算,求出最小用量,以便在使用 A、B 两种原材料的基础上,确定它们的用量各是多少。利用规划求解来计算,最终结果如图 6-31 所示。

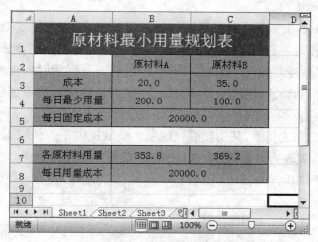

图 6-31 最终结果

操作提示:

首先应确定目标单元格、可变单元格、约束条件单元格,然后在工作簿中创建数据模型,最后利用规划求解计算数据,如图 6-32 和图 6-33 所示。

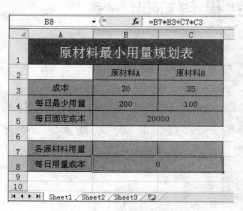

图 6-32 数据模型

图 6-33 "规划求解参数"对话框

项目七　　　　　　　　　　　　宏与 VBA

　　如果希望在 Excel 中重复进行某项工作，可以利用"宏"功能使这项工作自动执行。宏就是将一系列的操作命令和指令组合在一起，形成一个命令，从而实现任务执行自动化的一种方法。因此，可以创建并执行一个宏，替代人工进行一系列费时的重复操作。例如，使用宏可以进行日常编辑和格式设置、组合多个命令、使对话框中的选项更易于访问、使一系列复杂的任务自动执行。

　　宏程序依赖几十条宏指令，其功能受到限制。微软提供了 Visual Basic for Application (VBA)，具有更强的表现力。在 VBA 中，宏指令都有其对应的形式。事实上，宏指令都要翻译成 VBA 才能得以执行的。

知识技能目标

- 熟悉并掌握宏的创建方法；
- 熟悉并掌握宏的编辑与应用方法；
- 熟悉并掌握在工作表中使用宏的自动化功能；
- 熟悉并掌握利用 VBA 功能制作窗体的操作方法。

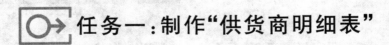

任务一：制作"供货商明细表"

一、情景导入

　　公司需要对主要的供货商数据进行重新整理，老张将制作该档案表的任务安排给小白来完成。与以往不同的是，这次老张将教小白用 Excel 提供的"宏"功能来自动美化表格数据。

二、相关知识

1. 认识 Excel 宏

宏在 Excel 中是一系列命令和函数的集合,它存储于 Visual Basic 模块中,可随时调用。如果工作表存在大量重复性操作,那么就可以利用宏来自动执行这些任务,以提高工作效率。Excel 宏的应用主要体现在以下几个方面。

- 利用宏完成重复操作

需要重复执行某项复杂操作时,可以录制并运行宏,从而自动执行任务。单击【视图】|【宏】|【录制新宏】命令,弹出"录制新宏"对话框,输入宏名后设置快捷键,确认后返回 Excel 工作表。此时,对工作表所做的设置,都将自动保存在该宏下,完成录制新宏后,单击工具栏中的"停止录制"按钮即可。单击【视图】|【宏】|【宏】命令,弹出"宏"对话框,在列表中选择录制的宏,单击"执行"按钮或按设置的快捷键即可执行。

- 指定宏完成重复操作

录制宏后,将该宏加载到 Excel 的自制图形上,可以将自制图形以按钮形式存放在工作表中,单击该按钮时,即可执行录制的宏。方法为:先录制宏,然后在工作表中绘制一个"矩形"自选图形,在该图形上单击鼠标右键,在弹出的快捷菜单中的"指定宏"对话框的列表框中选择指定的宏,确认设置后,在工作表中选择单元格,单击该图形即可为选择的单元格应用录制的宏。

2. 宏的安全性

宏的自动化性质导致其很容易被设置为宏病毒。这类病毒是一种寄存在文档或模板的宏中的计算机病毒。一旦打开文档,其中的宏就会被执行,宏病毒就会被激活并转移到计算机上,驻留在 Normal 模板中,此后所有自动保存的文档都会感染上这种宏病毒。如果其他用户打开了感染病毒的文档,宏病毒又会转移到其他计算机上,以此传播。

Excel 对可通过宏传播的病毒提供了安全保护,如果使用其他计算机上的宏对象,无论何时打开包含宏的工作簿,都会先验证宏的来源再启用宏,并可通过数字签名来验证其他用户,以保证其他用户为可靠来源。

三、任务实施

1. 创建基本数据

创建并保存工作簿,然后对工作表进行整理,创建用于录制和运行宏的各种基本数据,具体操作步骤如下:

步骤 1:新建工作簿"供货商表",将"Sheet1"更名为"宏样式",将"Sheet2"更名为"汇总"。在"宏样式"工作表中输入数据,如图 7-1 所示。

图 7-1 创建宏样式表

步骤 2：单击"汇总"工作表，合并 A1:G1 单元格区域，输入表格标题、项目和数据记录，如图 7-2 所示。

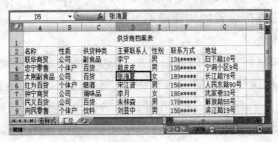

图 7-2 创建汇总表

2. 录制并运行宏

录制"标题"的宏，为"宏样式"表中的"标题"设置样式，为"供货商表"的标题行"供货商档案表"运行录制的宏，具体操作步骤如下：

步骤 1：单击"宏样式"工作表，选中 A1 单元格，单击【视图】|【宏】|【宏】命令，在弹出的下拉列表中单击"录制宏"选项，如图 7-3 所示。

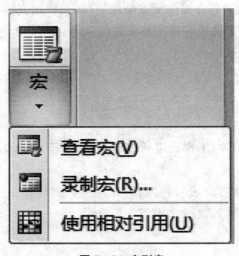

图 7-3 宏列表

步骤2：在弹出的"录制新宏"对话框的"宏名"文本框中输入"标题"，在"说明"文本框中输入"设置表格标题格式"，单击"确定"按钮，如图7-4所示。

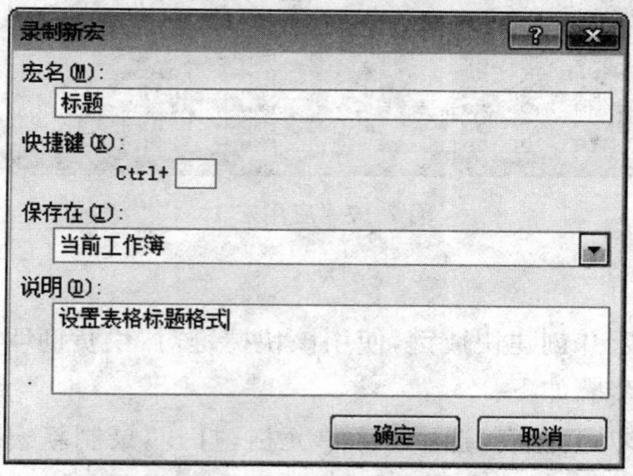

图7-4　"录制新宏"对话框1

步骤3：进入录制宏的状态。将所选A1单元格格式设置为"黑体，22，居中"，单元格填充为"橄榄色，强调文字颜色3"，单击【视图】|【宏】|【宏】命令，在弹出的下拉列表中选择"停止录制"选项，如图7-5所示。

图7-5　"停止录制"命令

步骤4：切换到"汇总"工作表，选择A1单元格，单击【视图】|【宏】|【宏】命令，在弹出的下拉列表中选择"查看宏"选项。在弹出的"宏"对话框的列表框中选择"标题"选项，单击"执行"按钮，如图7-6所示。

图7-6　"宏"对话框

步骤5：所选单元格将自动应用宏所录制的格式，但合并的单元格被拆分了，再次合并A1:G1单元格区域即可，效果如图7-7所示。

图7-7　应用宏1

3. 使用快捷键运行宏

录制"项目"格式的宏并创建快捷键,使用该快捷键对"供货商明细表"的项目区域运行已录制的宏。具体操作步骤如下:

步骤1:单击"宏样式"工作表,选中 A2 单元格,打开"录制新宏"对话框。设置宏名为"项目",在"快捷键"文本框中输入大写字母"X",说明为"设置表格项目格式",单击"确定"按钮,如图7-8所示。

图7-8　创建宏快捷键

步骤2:进入录制宏的状态,将所选单元格格式设置为"10、加粗、居中、蓝色填充、白色字体",停止录制宏。

步骤3:单击"汇总"工作表,选择 A2:G2 单元格区域,按"Ctrl+Shift+X"组合键运行宏,结果如图7-9所示。

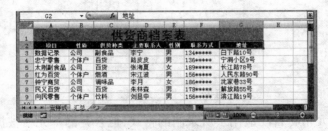

图7-9　利用快捷键应用宏

4. 编辑宏

录制"表格"格式的宏并编辑、运行宏,具体操作步骤如下:

步骤1:单击"宏样式"工作表,选中 A3 单元格,打开"录制新宏"对话框。设置宏名为"数据",在"快捷键"文本框中输入大写字母"S",说明为"设置表格数据格式",单击"确定"按钮,如图 7－10 所示。

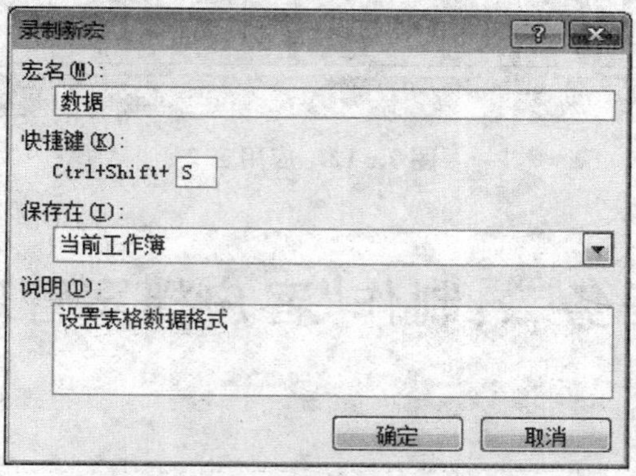

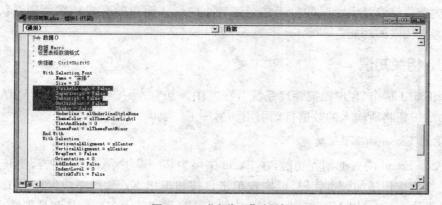

图 7－10 "录制新宏"对话框 2

步骤2:进入录制宏的状态,将所选单元格格式设置为"10、居中、下边框",停止录制。

步骤3:选中"汇总"工作表,单击【视图】|【宏】|【宏】命令,在弹出的下拉列表中选择"查看宏"选项,打开"宏"对话框,在列表框中选择"数据"选项,单击"编辑"按钮。

步骤4:打开代码窗口,选择"＝False"的语句,按"Delete"键删除,如图 7－11 所示。

图 7－11 "宏代码"对话框

步骤5:按"Ctrl＋S"组合键保存设置,关闭代码窗口。

步骤6:在"汇总"表中选择数据记录,按"Ctrl＋Shift＋S"组合键运行宏,结果如图 7－12 所示。

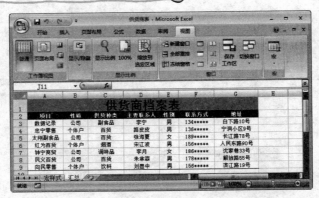

图 7-12 应用宏 2

任务二：制作"客户档案管理系统"

一、情景导入

客户档案管理系统主要用于对客户档案进行管理，如查询、汇总和添加客户档案信息，保护客户档案统计表等。及时更新表格内容，提高档案统计效率，可减少重复工作量。除此之外，建立客户档案管理系统，还可以更好地实现企业电子化管理，便于资料归档、统计和查询等工作。

由于工作需要，小白需要查找一合作商的客户档案，但档案库和档案统计表中的记录非常多，依次查找将浪费大量时间。于是老张教小白制作简单的客户档案管理系统，包含查找、添加客户档案的功能。

二、相关知识

使用 Excel 制作"客户档案管理系统"，在其中添加"命令按钮"控件执行 VBA 程序，实现单击命令按钮将所输入的数据自动引用到另一工作表中。

1. 使用 Excel 的 VBA 功能

VBA 是 Excel 内置的编程功能，在 Excel 中可为某一模块添加程序语言，使其具有特定的功能。如为按钮添加脚本代码，以实现单击该按钮退出 Excel 程序或保存对工作簿所做的修改等操作。VBA 以 VB 语言为基础，它具有 VB 语言的大多数特征和易用性，最大的特点是将 Excel 作为开发平台来开发应用程序，可以应用 Excel 的所有已有功能，如数据处理、图表绘制、数据库链接、内置函数等。

在 Excel 工作簿中，右击工作表标签，在快捷菜单中选择"查看代码"，就可以打开 Excel 的 VBA 编辑窗口界面，如图 7-13 所示。它主要由标题栏、菜单栏、工具栏、"工程管理"任务窗格、"属性"任务窗格组成。插入窗体后，在中间的操作界面中还将弹出窗体编辑窗口和代码编辑窗口。

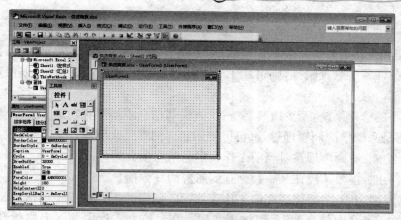

图 7-13　VBA 编辑窗口

• 窗体编辑窗口:打开 VBA 窗口后,单击【插入】|【用户窗体】命令,即可打开窗体编辑窗口,同时打开工具箱对话框。在工具箱中选择控件,鼠标指针变为"＋"形状,此时即可在窗体中拖曳鼠标绘制控件,可拖曳控件调整其位置和大小,以实现窗体中控件的合理布局。

• 代码编辑窗口:在窗体中添加控件后,要使控件具有某一功能,就必须为其添加代码。在窗体中双击控件,即可转到代码编辑窗口,且光标插入点自动定位到对应控件的代码区域,输入代码,完成后关闭窗口即可。

• "属性"任务窗口:主要用于更改窗体中控件的属性,如图 7-14 所示。选择窗体中添加的控件,"属性"任务窗格将自动转为该控件的属性设置界面。其中,"名称"表示控件名称;"Caption"表示控件中显示的文本;"Font"设置控件中显示文本的字符格式。在"Font"右侧的文本框中定位光标插入点,文本框后会出现"…"按钮,单击该按钮可打开"字体"对话框,在其中即可设置文本的字符格式,如图 7-15 所示。

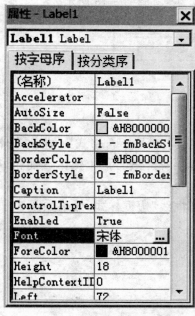

图 7-14　"属性"任务窗口

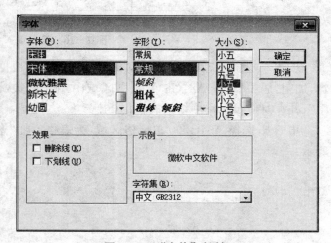

图 7-15　"字体"对话框

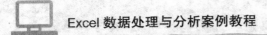

2. 简单的 Excel 的管理系统在系统管理中的应用

通常情况下,公司会购买系统管理软件,方便公司业务的查询、人事的实时监控等。如果公司没有条件购买管理软件,则可用 Excel 自行制作简单的管理系统,以便更好地管理、查询公司内部信息。

一个完整的管理系统,至少应具备统计、查询和信息添加 3 种功能。而不管是客户档案管理系统,还是采购供应商管理等,都可以使用相同的思路来创建。

- 统计功能:主要体现在对当前工作表中总信息条数的统计。
- 查询功能:主要体现在某一数据查询对应的其他信息。
- 信息添加功能:主要体现在向工作表数据区域中的指定位置添加信息。信息添加功能可以通过在 Excel 中创建 VBA 窗体来实现。在对应文本框中输入表格信息后,单击"登记"按钮即可将输入的信息添加到表格对应位置。

三、任务实施

1. 制作表格并设置表格格式

新建"客户档案管理系统. xlsx"工作簿,制作表格框架数据结构,输入工作表的详细数据,具体操作步骤如下:

步骤 1:新建"客户档案管理系统. xlsx"工作簿,取消工作簿中网格线的显示,将"Sheet1"工作表重命名为"客户档案"。

步骤 2:合并 A1:E1 单元格区域,输入文本"档案查询";合并 B2:E2、B5:E5 单元格区域,在其他文本框中输入文本。

步骤 3:选择 A1:E5 单元格区域,添加"全部框线"边框样式,设置标题文本字符格式为"宋体,14,加粗",其他单元格文本字符格式为"宋体,10,居左",如图 7 – 16 所示。

	A	B	C	D	E
1	档案查询				
2	档案编号:				
3	客户名称:		客户等级:		
4	负责人:		联系电话:		
5	企业地址:				

图 7 – 16   信息录入

步骤 4:合并 A7:G7 单元格区域,输入文本"客户档案表",设置字符格式为"华文宋体,18,加粗,居中"。在 A8:G8 单元格区域中输入表头,设置字符格式为"宋体,12,加粗,居中",并在对应单元格中输入表格信息。

步骤 5:选择 A8:G200 单元格区域,为表格添加"全部框线"边框样式,效果如图 7 – 17 所示。

客户档案表

档案编号	客户名称	客户等级	经营性质	企业负责人	联系电话	企业地址
D2013010521	成都利比科技公司	三星级	私营企业	袁莱	0571-8764****	四川宜宾市万江路
D2013010522	成都得力科技公司	三星级	私营企业	袁茵	0571-8764****	江苏扬州瘦西湖
D2013010523	重庆美有科技公司	四星级	私营企业	寇峰	0571-8764****	山东青岛市丰源路
D2013010524	成都冬弥信息公司	二星级	私营企业	王琦	0571-8764****	江苏南京市佩莱路
D2013010525	成都真紫电脑维修公司	五星级	私营企业	李毅	0571-8764****	山东青岛市莲池路
D2013010526	成都一休科技公司	三星级	私营企业	张飞	0571-8764****	四川成都市清江东路
D2013010527	成都备善传媒公司	三星级	私营企业	曹怡	0571-8764****	浙江温州工业区
D2013010528	成都福家乐信息公司	四星级	私营企业	华翰	0571-8764****	四川绵阳滨江路
D2013010529	成都友谊电脑维修	三星级	私营企业	赵照	0571-8764****	浙江温州工业区
D2013010530	成都百亿传媒公司	四星级	私营企业	牟宇	0571-8764****	四川德阳少城路
D2013010531	宜丰贸易有限责任公司	三星级	私营企业	刘莎	0571-8764****	四川宜宾市万江路
D2013010532	银兰空谷科技	四星级	私营企业	杨帆	0571-8764****	四川西昌莲花路
D2013010533	尼特尔塑料公司	五星级	私营企业	赵毅	0571-8764****	安徽合肥沿江路
D2013010534	丹妮威曲科技有限公司	一星级	私营企业	李春芳	0571-8764****	广东潮州爱达荷路
D2013010535	重庆米亚科技公司	四星级	私营企业	蒋凤	0571-8764****	广东潮州爱达荷路
D2013010536	溪来弗有限责任公司	三星级	私营企业	陈琼	0571-5463****	成都温江工业区天府路

图 7-17　客户档案表

步骤 6：选择 G1 单元格，输入"档案汇总"文本，使其居中显示，完成后为 G1：G2 单元格区域添加"全部框线"边框样式，如图 7-18 所示。

G
档案汇总

图 7-18　信息录入

2. 使用函数实现查询和统计功能

表格的框架数据结果制作完成后，即可在表格对应单元格中使用函数实现查询和统计。具体操作步骤如下：

步骤 1：单击 B3 单元格，在编辑栏中定位光标插入点，输入函数"=IF(B2="","", VLOOKUP($B$2,$A$9:$G$23,2,FALSE))"，表示当 B2 单元格为空时，当前单元格显示为空；否则，在 A9：G200 单元格区域中查找与 B2 单元格内容相同的单元格，并在当前单元格中返回该单元格所在行的第 2 列数据，即"客户名称"，按"Ctrl＋Enter"组合键计算函数，如图 7-19 所示。

图 7-19　利用函数实现查询 1

步骤 2：单击 D3 单元格，使用相同的方法输入函数"=IF(B2="","",VLOOKUP(B2,$A$9:$G$23,3,FALSE))"，按"Ctrl＋Enter"组合键计算函数，如图 7-20 所示。

图 7-20 利用函数实现查询 2

步骤 3：继续在 B4、D4 和 B5 单元格中输入函数，根据文本在"客户档案表"中对应表头所在列的位置更改函数参数即可。

步骤 4：单击 B2 单元格，输入客户档案编号，按"Ctrl＋Enter"组合键，在各参数对应文本框中即可显示该客户编号对应的客户档案信息，效果如图 7-21 所示。

图 7-21 函数查询效果

步骤 5：单击 G2 单元格，输入函数"＝COUNTA(A9：A200)"，表示在当前单元格中返回 A9：A200 单元格区域中非空单元格记录的条数，按"Ctrl＋Enter"组合键计算函数结果，即可得到档案汇总记录的条数，如图 7-22 所示。

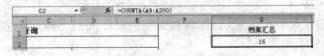

图 7-22 统计记录数

3. 添加控件按钮

在 Excel 中添加控件按钮，应先使用插入图形的方法，在工作区中拖曳按钮图形，然后对其进行编辑。具体操作步骤如下：

步骤 1：单击【插入】|【插图】|【形状】命令，在下拉菜单中选择"矩形"选项，此时鼠标指针变为"＋"形状，拖曳鼠标绘制一个矩形按钮。

步骤 2：在绘制的图形上单击鼠标右键，在弹出的快捷菜单中选择"添加文字"命令，在图形中输入文本"登记档案"，选中文本，设置文本格式为"宋体，10，居中"。在图形边框上单击鼠标，为图形添加底纹颜色。

步骤 3：复制图形并移动到合适位置，删除原有文本后，输入文本"退出系统"，最终效果如图 7-23 所示。

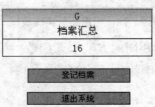

图 7-23 创建命令按钮

步骤4：在"退出系统"图形的边框上单击鼠标右键，在弹出的快捷菜单中选择"指定宏"命令，打开"指定宏"对话框，在"宏名"文本框中输入"退出"文本，然后单击"新建"按钮，如图7-24所示。

图7-24 "指定宏"对话框

步骤5：此时将自动打开代码编辑窗口，直接输入如图7-25所示的代码即可。

图7-25 代码编辑窗口

步骤6：完成后直接关闭代码编辑窗口，返回Excel工作簿。单击绘制的图形，系统将自动保存对工作簿进行的编辑并关闭当前工作簿。

4. 建立登记档案窗体界面

要实现客户档案的登记功能，必须使用Excel的VBA设计及制作档案登记窗体。具体操作步骤如下：

步骤1：打开"客户档案管理系统.xlsx"工作簿，右击工作表标签，在快捷菜单中选择"查看代码"，打开Excel的VBA编辑窗口界面，单击【插入】|【用户窗体】命令，插入一个空白的用户窗体，如图7-26所示。

图7-26 插入空白窗体

步骤 2：在左侧"属性"任务窗格中将"（名称）"文本框中的内容删除，并输入"Management"；将"Caption"文本框中原有文本删除，输入"登记档案"文本，如图 7 - 27 所示。

图 7 - 27　"属性"任务窗格

步骤 3：拖曳"登录档案"窗体右下角的节点，调整窗体的大小。在"工具箱"任务窗格中单击"标签"按钮，在窗体中拖曳鼠标绘制一个标签框，将"Caption"文本框中的内容更改为"客户档案管理系统"，如图 7 - 28 所示。

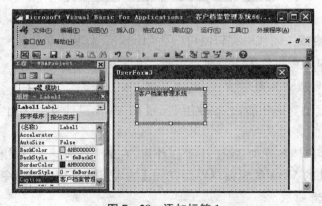

图 7 - 28　添加标签 1

步骤 4：在"属性"任务窗格的"Font"文本框中定位光标插入点，单击文本框右侧的"…"按钮，打开"字体"对话框，设置字符格式为"微软雅黑，二号"，完成后单击"确定"按钮。

步骤 5：拖曳节点，调整标签大小和位置，复制一个标签，更改标签内容为"登记档案"，更改文本格式为"黑体，小三"，效果如图 7 - 29 所示。

图 7 - 29 添加标签 2

步骤 6：在"工具箱"任务窗格中单击"框架"按钮，在窗体中拖曳鼠标绘制一个框架，在框架中添加 7 个标签，分别将其文本更改为"档案编号：""客户名称：""客户等级：""经营性质：""企业负责人：""联系电话：""企业地址："。设置文本格式为"黑体，小四"，效果如图 7 - 30 所示。

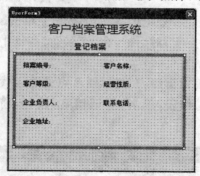

图 7 - 30 添加标签 3

步骤 7：在"工具箱"任务窗格中单击"文字框"按钮，在"档案编号："标签后拖曳绘制一个文本框，使用相同的方法分别在其他标签后绘制一个文本框，效果如图 7 - 31 所示。

图 7 - 31 添加文本框

步骤 8：在"工具箱"任务窗格中单击"命令按钮"按钮，在框架下方拖曳绘制三个按钮，分别输入文本"登记""新记录""退出"，设置文本格式为"宋体，小五"，拖曳按钮调整其位置，效果如图 7-32 所示。

图 7-32　添加命令按钮

步骤 9：返回 Excel 工作表，在"登记档案"图形按钮上单击鼠标右键，在弹出的快捷菜单中选择"指定宏"命令，打开"指定宏"对话框，在"宏名"文本框中输入"登记档案"文本，单击"录制"按钮。

步骤 10：打开 VBA 代码编辑窗口，在光标插入点处输入代码"management. Show"，关闭代码编辑窗口返回 Excel 工作表，单击"登记档案"按钮，将打开 management 窗体，如图 7-33 所示。

图 7-33　VBA 代码编辑

步骤 11：返回 VBA 代码编辑窗口，在"工程"任务窗格的"窗体"文件夹下双击"management"窗体名称，打开"登记档案"窗体，双击"登记"按钮，打开代码编辑窗口，在光标插入点处输入代码，如图 7-34 所示。

```
Private Sub CommandButton1_Click()
Dim i As Long
If TextBox1.Value = "" Then
MsgBox "档案编号不能为空！", vbOKOnly
Exit Sub
End If
If TextBox2.Value = "" Then
MsgBox "客户名称不能为空！", vbOKOnly
Exit Sub
End If
If TextBox3.Value = "" Then
MsgBox "客户等级不能为空！", vbOKOnly
Exit Sub
End If
If TextBox4.Value = "" Then
MsgBox "经营性质不能为空！", vbOKOnly
Exit Sub
End If
If TextBox5.Value = "" Then
MsgBox "企业负责人不能为空！", vbOKOnly
Exit Sub
End If
If TextBox6.Value = "" Then
MsgBox "联系电话不能为空！", vbOKOnly
Exit Sub
End If
If TextBox7.Value = "" Then
MsgBox "企业地址不能为空！", vbOKOnly
Exit Sub
End If
Sheets("客户档案").Select
a = Val(Sheet1.Cells(2, 7).Value)
Cells(a + 9, 1).Value = TextBox1.Value
Cells(a + 9, 2).Value = TextBox2.Value
Cells(a + 9, 3).Value = TextBox3.Value
Cells(a + 9, 4).Value = TextBox4.Value
Cells(a + 9, 5).Value = TextBox5.Value
Cells(a + 9, 6).Value = TextBox6.Value
Cells(a + 9, 7).Value = TextBox7.Value
TextBox1.Value = ""
TextBox2.Value = ""
TextBox3.Value = ""
TextBox4.Value = ""
TextBox5.Value = ""
TextBox6.Value = ""
TextBox7.Value = ""
End Sub
```

图 7 - 34 "登记"按钮代码

步骤 12：在"工程"任务窗格的"窗体"文件夹下双击"management"窗体名称，在窗体中双击"新记录"按钮，在打开的代码编辑窗口中输入如图 7 - 35 所示的代码。

```
Private Sub CommandButton2_Click()
TextBox1.Value = ""
TextBox2.Value = ""
TextBox3.Value = ""
TextBox4.Value = ""
TextBox5.Value = ""
TextBox6.Value = ""
TextBox7.Value = ""
End Sub
```

图 7 - 35 "新记录"按钮代码

步骤 13：使用相同的方法为"退出"按钮添加如图 7 - 36 所示的代码。完成后保存对工作簿进行的修改即可。

```
Private Sub CommandButton3_Click()
management.Hide
TextBox1.Value = ""
TextBox2.Value = ""
TextBox3.Value = ""
TextBox4.Value = ""
TextBox5.Value = ""
TextBox6.Value = ""
TextBox7.Value = ""
End Sub
```

图 7 - 36 "退出"按钮代码 1

5. 创建登录窗体和界面

客户档案管理系统制作完成后，还可以添加一个登录窗体，使用户只有在输入正确的用户名和密码后才能使用管理系统。具体操作步骤如下：

步骤 1：单击【工具】|【宏】|【Visual Basic 编辑器】命令，打开 VBA 编辑窗口，选择【插

入】|【用户窗体】命令,插入"UserForm1"窗体。

步骤 2:更改窗体"Caption"参数为"用户登录",插入 1 个标签,输入文本"用户登录",设置字符格式为"微软雅黑,小二",再添加两个标签,分别输入文本"用户名"和"密码",设置文本格式为"微软雅黑,小四",在标签后添加两个文本框。

步骤 3:在文本框下方添加两个按钮,分别输入文本"登录"和"退出",设置字符格式为"宋体,小五",如图 7-37 所示。

用户登录

用户登录

用户名：ㅤㅤㅤㅤㅤㅤㅤㅤ

密码：ㅤㅤㅤㅤㅤㅤㅤㅤ

登录　　　　　退出

图 7-37　登录窗体

步骤 4:双击"登录"按钮,在代码编辑窗口中输入如图 7-38 所示的代码,表示当前登录用户名和密码均为"admin",密码和用户名错误时打开提示对话框显示提示错误信息。

```
Private Sub CommandButton1_Click()
If TextBox1.Text = "admin" Then
If TextBox2.Text = "admin" Then
Sheets("客户档案").Select
UserForm1.Hide
Exit Sub
End If
Else
MsgBox "用户名或密码错误,请重新输入!", vbOKOnly
End If
End Sub
```

图 7-38　"登录"按钮代码

步骤 5:返回"UserForm1"窗体,双击"退出"按钮,在代码编辑窗口中输入如图 7-39 所示的代码。

```
Private Sub CommandButton2_Click()
ActiveWorkbook.Save    '保存工作簿
ActiveWorkbook.Close   '关闭工作簿
End Sub
```

图 7-39　"退出"按钮代码 2

步骤 6:关闭 VBA 窗口,返回 Excel 工作表。切换到"Sheet2"工作表,单击【格式】|【工作表】|【背景】命令,打开"工作表背景"对话框,选择素材文件"背景.jpg",单击"插入"按钮将背景插入到工作表中。

步骤 7:单击【工具】|【选项】命令,打开"选项"对话框,在"视图"选项卡的"窗口选项"栏中撤销选中"网格线"复选框,完成后单击"确定"按钮,如图 7-40 所示。

图 7 - 40　插入工作表背景

6. 测试工作簿窗体功能

完成登记窗体和登录窗体界面设计，以及程序代码编辑后，即可对工作簿的功能进行测试，具体操作步骤如下：

步骤 1：关闭"客户档案管理系统. xlsx"工作簿，单击"登录"按钮，打开提示对话框，提示错误，确认后返回"用户登录"对话框，工作簿背景为设置的背景图片，如图 7 - 41 所示。

图 7 - 41　测试"用户登录"

步骤 2：在"用户名"和"密码"文本框中分别输入文本"admin"，单击"登录"按钮，登录客户档案管理系统，如图 7 - 42 所示。

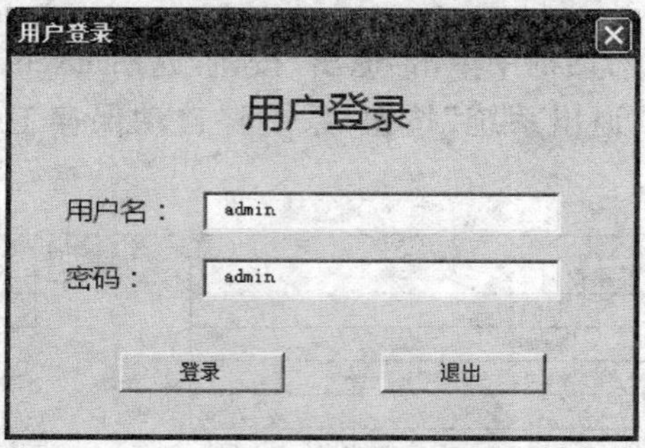

图 7 - 42　进入登录界面

步骤 3：进入"客户档案"工作表，如图 7-43 所示，单击"登记档案"按钮。

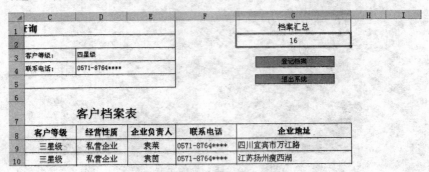

	档案汇总
查询	16
客户等级： 四星级	登记档案
联系电话： 0571-8764****	退出系统

客户档案表

客户等级	经营性质	企业负责人	联系电话	企业地址
三星级	私营企业	袁莱	0571-8764****	四川宜宾市万江路
三星级	私营企业	袁茵	0571-8764****	江苏扬州瘦西湖

图 7-43　"客户档案"工作表

步骤 4：打开"登记档案"对话框，如图 7-44 所示。在文本框中输入客户档案对应的信息，完成后单击"登记"按钮，系统将自动在工作表中添加一条档案信息，如图 7-45 所示。

图 7-44　"登记档案"对话框

23	D2013010535	重庆米亚科技公司	四星级	私营企业	蒋凤
24	D2013010536	溪来弗有限责任公司	三星级	私营企业	陈琼
25	D2015010221	卓然责任有限公司	五星级	私营企业	郑卓然

图 7-45　添加记录

步骤 5：在"登记档案"对话框中单击"退出"按钮，返回 Excel 工作表，此时 G2 单元格中数据由 16 变为 17。单击"退出系统"按钮，系统将自动保存工作簿，并将工作簿关闭，如图 7-46 所示。

	档案查询					档案汇总
	D2013010523					17
	重庆美有科技公司	客户等级：	四星级			登记档案
	冠峰	联系电话：	0571-8764****			退出系统
	山东青岛市丰源路					

客户档案表

客户名称	客户等级	经营性质	企业负责人	联系电话	企业地址
成都利比科技公司	三星级	私营企业	袁莱	0571-8764****	四川宜宾市万江路

图 7-46　最终效果

实训：制作"订单统计表"

【实训目标】

为了保障企业准时交付产品，保证运营的持续性，企业对每月产品订单的管理至关重要。小张负责整理公司每月的订单统计表的登记及维护，向公司总经理报告产品订单完成情况，从而及时发现问题，提前采取对策。

小张在制作"订单统计表"时制作了一个"美化表格"的宏命令，用于对每月的订单数据的格式美化。

初始表格如图7-47所示。

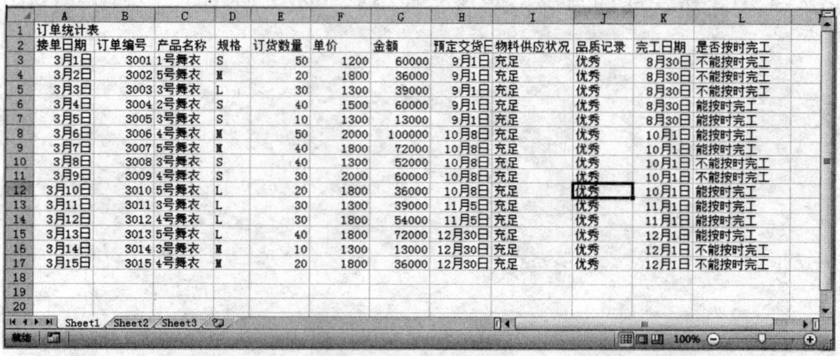

图7-47 订单统计表

操作提示：

在"三月订单"表格中创建一个名为"美化表格"的宏命令，合并A1:L1单元格，标题格式设为"宋体,20,加粗"，字段名"加粗"，表格所有文字居中对齐，添加边框线。分别在"四月订单""五月订单"表格中应用该宏。最终效果如图7-48所示。

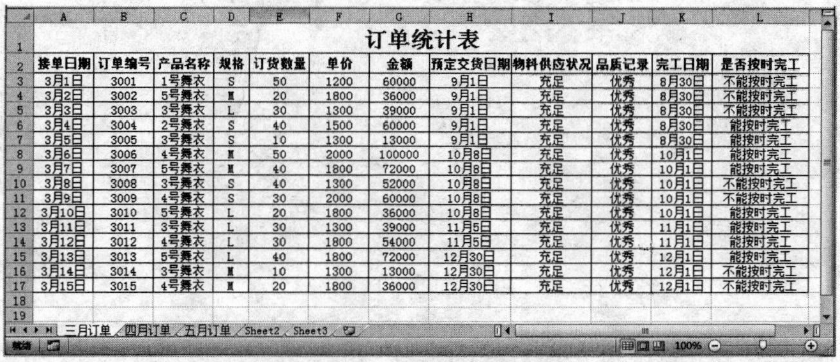

图7-48 应用宏后的效果

参考文献

[1] 江红,余青松.Excel 数据处理与分析教程[M].北京:清华大学出版社,2015.

[2] 郑小玲.Excel 数据处理与分析实例教程[M].北京:人民邮电出版社,2016.

[3] 邓芳.Excel 高效办公:数据处理与分析[M].北京:人民邮电出版社,2012.

[4] 杨尚群.Excel 2010 商务数据分析与处理[M].北京:人民邮电出版社,2016.

[5] 耿勇.Excel 数据处理与分析实战宝典[M].北京:电子工业出版社,2017.